中等职业教育"十二五"规划课程改革创新教材

中职中专计算机动漫与游戏制作专业系列教材

Flash CS3 动画制作案例教程

谭 武 孙 凯 主编

苏少禧 莫昌惠 杨 华 副主编

科学出版社

北 京

内 容 简 介

本书以Flash CS3为平台，通过丰富多彩的案例来介绍动画制作技术。全书共11个单元，分别介绍了Flash绘画基础、简单动画制作、文本动画、遮罩动画、引导路径动画、动作脚本、声音处理、广告制作、动画片制作和MTV制作等内容。

本书以案例为线索组织内容，案例丰富，专业技巧全面实用。在案例讲解过程中插入技巧提示和拓展提高，知识和案例二者相辅相成。随书附赠光盘中配有案例素材和制作效果，十分方便读者学习。

本书可以作为职业院校动漫与游戏制作专业等计算机类专业学习动画制作的教材，也可作为Flash动画设计培训班的教材，或Flash动画设计与制作初、中级读者的自学用书。

图书在版编目(CIP)数据

Flash CS3 动画制作案例教程/谭武，孙凯主编. —北京：科学出版社，2011

（中等职业教育"十二五"规划课程改革创新教材·中职中专计算机动漫与游戏制作专业系列教材）

ISBN 978-7-03-030609-8

Ⅰ.①F…　Ⅱ.①谭…　②孙…　Ⅲ.①动画–设计–图形软件，Flash CS3–职业教育–教材　Ⅳ.①TP391.41

中国版本图书馆CIP数据核字（2011）第046305号

责任编辑：陈砺川　王　刚/责任校对：耿　耘
责任印制：吕春珉/封面设计：东方人华平面设计部

科学出版社出版
北京东黄城根北街16号
邮政编码：100717
http://www.sciencep.com

骏杰印刷厂印刷
科学出版社发行　各地新华书店经销

＊

2011年6月第　一　版　　开本：787×1092 1/16
2012年9月第二次印刷　　印张：14 1/2
字数：262 000

定价：30.00元（含光盘）

（如有印装质量问题，我社负责调换〈骏杰〉）

销售部电话 010-62134988　　编辑部电话 010-62132703-8020

中等职业教育 "十二五" 规划课程改革创新教材

中职中专计算机动漫与游戏制作专业系列教材

编写委员会

顾 问	何文生　朱志辉　陈建国
主 任	史宪美
副主任	陈佳玉　吴宇海　王铁军
审 定	何文生　史宪美

编 委（按姓名首字母拼音排序）

邓昌文　付笔闲　辜秋明　黄四清　黄雄辉　黄宇宪

姜　华　柯华坤　孔志文　李娇容　刘丹华　刘　猛

刘　武　刘永庆　鲁东晴　罗　忠　聂　莹　石河成

孙　凯　谭　武　唐晓文　唐志根　王铁军　肖学华

谢淑明　张治平　郑　华

序

《国家中长期教育改革和发展规划纲要（2010—2020年)》中明确指出，要"大力发展职业教育"，"把提高质量作为重点。以服务为宗旨，以就业为导向，推进教育教学改革。"可见，中等职业教育的改革势在必行，而且，改革应遵循自身的规律和特点。"以就业为导向，以能力为本位，以岗位需要和职业标准为依据，以促进学生的职业生涯发展为目标"成为目前呼声最高的改革方向。

实践表明，职业教育课程内容的序化与老化已成为制约职业教育课程改革的关键。但是，学历教育又有别于职业培训。在改变课程结构内容和教学方式方法的过程中，我们可以看到，经过有益尝试，"做中学，做中教"的理论实践一体化教学方式，教学与生产生活相结合、理论与实践相结合，统一性与灵活性相结合，以就业为导向与学生可持续性发展相结合等均是职业教育教学改革的宝贵经验。

基于以上职业教育改革新思路，同时，依据教育部2010年最新修订的《中等职业学校专业目录》和教学指导方案，并参考职业教育改革相关课题先进成果，科学出版社精心组织20多所国家重点中等职业学校，编写了计算机网络技术专业和计算机动漫与游戏制作专业的"中等职业教育'十二五'规划课程改革创新教材"，其中，计算机动漫与游戏制作专业是教育部新调整的专业。此套具有创新特色和课程改革先进成果的系列教材将在"十二五"规划的第一年陆续出版。

本套教材坚持科学发展观，是"以就业为导向，以能力为本位"的"任务引领"型教材。教材无论从课程标准的制定、体系的建立、内容的筛选、结构的设计还是素材的选择，均得到了行业专家的大力支持和指导，他们作为一线专家提出了十分有益的建议；同时，也倾注了20多所国家重点学校一线老师的心血，他们为这套教材提供了丰富的素材和鲜活的教学经验，力求以能符合职业教育的规律和特点的教学内容和方式，努力为中国职业教学改革与教学实践提供高质量的教材。

本套教材在内容与形式上有以下特色：

1. 任务引领，结果驱动。以工作任务引领知识、技能和态度，关注的焦点放在通过完成工作任务所获得的成果，以激发学生的成就感；通过完成典型任务或服务，来获得工作任务所需要的综合职业能力。

2．内容实用，突出能力。知识目标、技能目标明确，知识以"够用、实用"为原则，不强调知识的系统性，而注重内容的实用性和针对性。不少内容案例以及数据均来自真实的工作过程，学生通过大量的实践活动获得知识技能。整个教学过程与评价等均突出职业能力的培养，体现出职业教育课程的本质特征。做中学，做中教，实现理论与实践的一体化教学。

3．学生为本。除以培养学生的职业能力和可持续性发展为宗旨之外，教材的体例设计与内容的表现形式充分考虑到学生的身心发展规律，体例新颖，版式活泼，便于阅读，重点内容突出。

4．教学资源多元化。本套教材扩展了传统教材的界限，配套有立体化的教学资源库。包括配书教学光盘、网上教学资源包、教学课件、视频教学资源、习题答案等，均可免费提供给有需要的学校和教师。

当然，任何事物的发展都有一个过程，职业教育的改革与发展也是如此。如本套教材有不足之处，敬请各位专家、老师和广大同学不吝赐教。相信本套教材的出版，能为我国中等职业教育信息技术类专业人才的培养，探索职业教育教学改革做出贡献。

信息产业职业教育教学指导委员会　委员

中国计算机学会职业教育专业委员会　名誉主任

广东省职业技术教育学会电子信息技术专业指导委员会　主任

何文生

2011 年 1 月

前 言

　　作为一款优秀的二维矢量动画创作软件，Flash 已经被越来越多的人所熟悉，Flash 的应用也已经深入到传媒的各个领域，包括广告、影视、动漫、游戏、网页制作、课件制作等。人们不得不感慨 Flash 所具有的优越而强大的功能。

　　为了满足广大 Flash 动画爱好者的学习需求，本书通过 44 个经典而实用的案例，循序渐进地介绍了 Flash CS3 的基本功能以及各种基本动画制作的方法和技巧。本书共 11 个单元，内容包括 Flash 绘画基础、简单动画制作、文字动画、遮罩动画、引导路径动画、动作脚本、特效动画、声音处理、广告制作、动画片制作和 MTV 制作等。

　　在讲解具体案例的制作过程中，本书适当地加入了技巧提示和知识介绍，并配有适当的拓展提高练习，方便读者理解与提高。另外，本书在完成每单元的案例讲解后，都提供了若干个单元实训，读者可以通过单元实训来检查、巩固和提高所学的知识。

　　本书文字精练，语言通俗。制作步骤讲解详细，配以插图，浅显易懂，方便了读者的理解和学习。

　　本书由谭武、孙凯担任主编，苏少禧、莫昌惠、杨华担任副主编，参与本教材编写工作的还有李浩明、张晋立、谭凯、任笑然等。

　　由于编者的水平有限，编写时间仓促，疏漏之处在所难免，恳请广大读者批评指正。

编　者

2011 年 3 月

目 录

1

单元一　Flash 绘画基础

单元导读

　　许多读者都会被精彩的Flash动画所吸引。但学习Flash的第一步就是绘图。Flash软件是一款基于矢量的动画制作软件，虽然不能与CorelDraw、Freehand和Illustrator等专业矢量绘图软件相媲美，但Flash同样是一个功能强大的绘图工具，可以绘制出完美的图形，为创作Flash动画对象提供了强大的技术支持。本单元主要通过几个案例来逐渐认识和掌握Flash强大的绘图功能。

技能目标

- 了解Flash卡通绘画的基本方法。
- 灵活掌握Flash各种工具的使用方法和技巧。
- 学会颜色的搭配。
- 提高艺术鉴赏能力。
- 做到"举一反三"。

案例一 ┃ 绘制笑脸表情

案例目标　　绘制笑脸表情。实例效果如图 1.1（光盘\素材\单元一\案例一\笑脸表情 .swf）所示。

案例说明　　本案例将带大家初步接触 Flash 绘画，从绘制"笑脸表情"中掌握 Flash 绘图的基本方法。

图1.1　笑脸最终效果图

技术要点
- 舞台背景大小、颜色等属性的设置。
- "线条工具"、"椭圆工具"和"颜料桶工具"的使用方法。
- 掌握"线条工具"绘图的思路和方法。
- 学习使用"选择工具"复制图形以及调整图形的形状。

☐ 实现步骤

1. Flash 文件的新建与保存

01 启动 Flash CS3，新建一个空白文档。

02 执行"文件"/"保存"命令，在弹出的"另存为"对话框中选择动画保存的位置，输入文件名称"笑脸表情"，然后单击"保存"按钮，如图1.2所示。

图1.2　"另存为"对话框

2．Flash 舞台背景的设置

01 单击Flash界面下方的"属性"标签，展开"属性"面板，如图1.3所示。

图1.3 背景"属性"面板

02 在"属性"面板上，单击"文档属性"按钮，在弹出的"文档属性"对话框中设置舞台的宽为"400像素"，高为"400像素"。单击"背景颜色"的颜色块，在弹出的"调色板"中将背景颜色值设置为#FFCACA。完成后，单击"确定"按钮，如图1.4所示。

3．绘制圆形笑脸的轮廓

01 用鼠标左键按住"矩形工具" 不放，在弹出的工具中选择"椭圆工具"按钮 ，在"属性"面板中设置"笔触颜色"值为#FFCC00，"笔触高度"为6。单击"填充颜色"的颜色块，在弹出的对话框中选择"放射状"渐变颜色，如图1.5和图1.6所示。

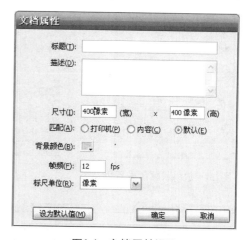

图1.4 文档属性设置

图1.5 椭圆属性设置

02 执行"窗口"/"颜色"命令，在弹出的"颜色"面板中设置"类型"为"放射状"，如图1.7所示。

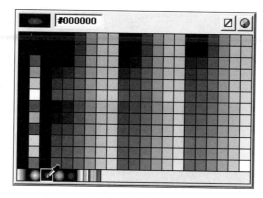

图1.6 颜色设置图

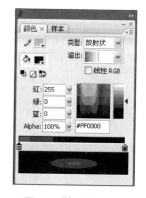

图1.7 "颜色"面板

03 单击第一个色标，设置其颜色值为#FFFF99；然后，单击第二个色标，设置其颜色值为#FFFF00，如图1.8所示。

04 将光标放置在舞台的合适位置，按住Shift键的同时拖动鼠标，绘制出一个外部轮廓线为纯黄色、内部填充色为放射状黄色的圆形笑脸，如图1.9所示。

05 单击工具箱中的"渐变变形工具"按钮 ，然后将渐变颜色的光线射入方向调整到左上方。至此，笑脸轮廓绘制好了，如图1.10所示。

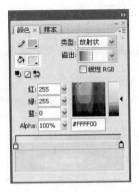

图1.8　放射状颜色设置

图1.9　绘制椭圆

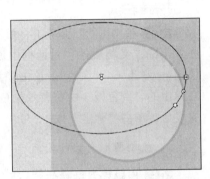

图1.10　放射状设置后的效果

4．绘制笑脸的眼睛

01 再次单击工具箱中的"椭圆工具"按钮 ，在"属性"面板中设置"笔触颜色"值为无色，"填充颜色"为黑色，颜色值为#000000，如图1.11所示。

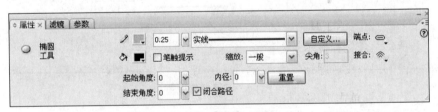

图1.11　"属性"面板

02 将光标放置在刚才绘制的圆形上，绘制出一个没有外部轮廓线、内部填充色为黑色的椭圆作为眼睛，如图1.12所示。

03 单击工具箱中的"选择工具"按钮 ，在刚才绘制的眼睛上单击鼠标，将其选中，然后按住Alt键水平向右拖动鼠标，复制另外一个眼睛，并放在合适的位置，如图1.13所示。

图1.12　绘制左眼睛

图1.13　绘制右眼睛

5. 绘制笑脸的嘴巴

01 单击工具箱中的"线条工具"按钮 ＼，在"属性"面板中设置"笔触颜色"值为黑色 #000000，"笔触高度"为6，如图1.14所示。

图1.14 "属性"面板

02 在圆脸的合适位置上，绘制一条斜斜的直线，作为嘴角表情，如图1.15所示。

03 为了更好地编辑修改线条，将舞台背景放大到200%。单击舞台右上方的"舞台比例"下三角按钮 100%，单击鼠标选择"200%"，如图1.16所示。

图1.15 绘制直线

图1.16 放大面板

04 单击工具箱中的"选择工具"按钮 ，将光标放在线段中间的位置。当光标显示为 形状时按住鼠标左键向斜上方拖动，调整绘制线段的弯曲度，调整后如图1.17所示。

05 单击工具箱中的"选择工具"按钮 ，在刚才绘制的线条上单击鼠标，将其选中，然后按住Alt键水平向右拖动鼠标，复制一个，并放在合适的位置，如图1.18所示。

图1.17 调整直线为曲线

图1.18 复制线条

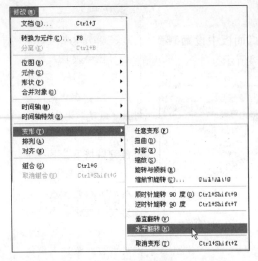

图1.19 执行命令

06 保持选中刚刚复制的线条，执行"修改"/"变形"/"水平翻转"命令，如图1.19所示。翻转后，效果如图1.20所示。

07 将光标放在左边嘴角上，按住Shift键拖动鼠标，绘制一条黑色的大小合适的水平线，如图1.21所示。

08 单击工具箱中的"选择工具"按钮，将光标放置在线段中间的位置上，当光标显示为形状时，按住鼠标左键向下拖动，调整线段的弧度，绘制后效果如图1.22所示。

09 这样，可爱的笑脸图形绘制好了。

10 按下Ctrl+Enter组合键，测试影片。

拓展提高

读者有兴趣的话，可以尝试绘制不同表情的笑脸，让各种表情丰富起来。

图1.20 翻转后效果

图1.21 绘制直线

图1.22 调整直线为曲线

案例二 绘制可爱汤锅

图1.23 最终效果图

■ **案例目标** 绘制汤锅。实例效果如图1.23（光盘\素材\单元一\案例二\可爱汤锅.swf）所示。

■ **案例说明** 卡通造型的生活用品在Flash作品中出现的频率非常高，应用也广泛。因此，本案例将介绍如何利用简单方法在Flash作品中绘制卡通的汤锅。

■ **技术要点**
● 学习使用"选择工具"选择图形的轮廓线，复制图形。
● "线条工具"、"椭圆工具"和"颜料桶工具"的熟练使用。
● 掌握图形对象几种复制方法。
● 掌握图形对象的缩放使用方法。

🔲 实现步骤

1. Flash文件的新建、保存

01 启动Flash CS3，新建一个空白文档。

02 执行"文件"/"保存"命令，在弹出的"另存为"对话框中选择动画保存的位置，输入文件名称"汤锅"，然后单击"保存"按钮，如图1.24所示。

2. Flash舞台背景的设置

01 单击Flash界面下方的"属性"标签，展开"属性"面板，如图1.25所示。

图1.24 "另存为"对话框

图1.25 "属性"面板

02 在"属性"面板上，单击"文档属性"按钮，在弹出的"文档属性"对话框中设置舞台的宽为"550像素"，高为"400像素"，背景颜色为白色。完成后，单击"确定"按钮，如图1.26所示。

3. 绘制锅盖的轮廓

03 单击工具箱中的"椭圆工具"按钮 ⬭，在"属性"面板中设置"笔触颜色"值为#000000，"笔触高度"为1。单击"填充颜色"的颜色块，在弹出的对话框中选择"无"填充颜色，如图1.27所示。

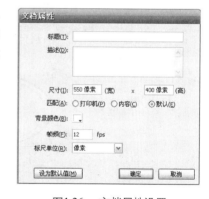

图1.26 文档属性设置

图1.27 线条属性设置

02 在舞台窗口的适当位置绘制一个椭圆，如图1.28所示。

03 单击工具箱中的"选择工具"按钮 ，选中刚刚绘制的椭圆。执行"编辑"/"复制"命令，如图1.29所示。

04 执行"编辑"/"粘贴到当前位置"命令，如图1.30所示。此时，两个完全相同的椭圆相互重叠一起了。

05 执行"修改"/"变形"/"缩放"命令。此时，椭圆四周出现了八个黑色的方形控制点，如图1.31所示。

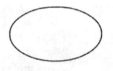
图1.28 绘制椭圆

图1.29 执行"复制"命令

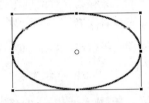
图1.30 粘贴　　图1.31 执行"缩放"命令后

06 将鼠标放在4个角其中的任意一个控制点上，同时按下Shift+Alt组合键，将其放大到合适大小后，再松开鼠标。这样，两个同心椭圆就绘制好了，如图1.32所示。

07 单击工具箱中的"线条工具"按钮 ，在椭圆的左侧的相应位置画上一条直线，如图1.33所示。

08 使用快捷键V或单击工具栏中的"选择工具"按钮 ，将鼠标放到直线上，当鼠标成 时，将直线调整为曲线。将鼠标放在曲线的末端上，当鼠标变成 时，按住鼠标左键拖曳，可以改变曲线的位置。调整后，效果如图1.34所示。

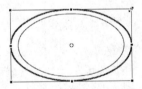
图1.32 绘制同心椭圆

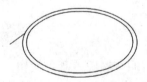
图1.33 相应位置画直线

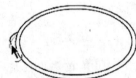
图1.34 改变曲线

09 用同样方法绘制右边汤锅"耳朵"。绘制后，效果如图1.35所示。

4. 绘制锅底轮廓

01 再次单击工具箱中的"线条工具"按钮 ，在相应的位置绘制3条直线，如图1.36所示。因为三条直线可以更好地调整锅底的弧度。

02 采用上面的方法，分别对三条直线进行曲线调整，调整后，有弧度的锅底如图1.37所示。

5. 填充汤锅的颜色

01 单击工具箱中的"颜料桶工具"按钮 ，在"颜料选择面板"

中设置填充颜色为#6B1021，如图1.38所示。

02 然后在需要填充颜色的封闭空白区域中，单击鼠标左键，这样，颜色就填充好了，如图1.39所示。

03 采用同上的方法，分别设置填充颜色为＃F7D6BD和#9CAD8C，在相应的地方填充颜色，效果如图1.40所示。

图1.35　绘制效果

图1.36　绘制三条直线

图1.37　曲线调整

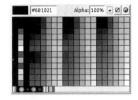

图1.38　设置填充颜色

图1.39　颜色填充

图1.40　填充相应地方

6. 给汤锅添上锅盖头

01 单击工具箱中的"椭圆工具"按钮 ，设置"笔触颜色"值为#000000，"笔触高度"为1，"填充颜色"为"无"。绘制出两个相同的椭圆，并使用"线条工具" 封闭椭圆的两边，位置如图1.41所示。

02 使用"选择工具" ，将多余的线条选中，并按Delete键删除，让锅盖头符合透视原理，如图1.42所示。

03 单击工具箱中的"颜料桶工具"按钮 ，在"颜料选择面板"中设置填充颜色为#6B1021，然后在内环中填充颜色；再设置填充颜色为#9C6352，在外环中填充颜色。填充后，效果如图1.43所示。

图1.41　绘制椭圆

图1.42　删除多余线条

图1.43　填充颜色

7. 为汤锅添上适当的花纹

01 使用"椭圆工具" ，在锅盖的左侧画三个圆，如图1.44所示。

02 使用"选择工具" ，将中间交叉多余的线条删除；使用"颜料桶工具"填充颜色 #AD5A73。填充颜色后将线条删除,如图1.45所示。

03 使用"选择工具" ，单击选中刚刚画好的花纹图形，然后按住 Alt键水平向右拖动鼠标，复制出另外一朵花纹，并放在合适的位置。同样 再复制出另外一朵花纹。做好后效果如图1.46所示。

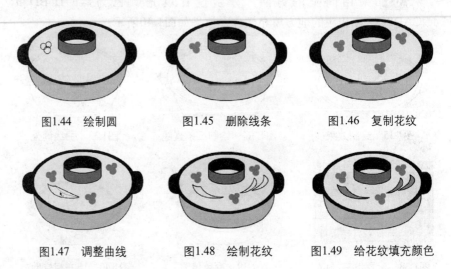

图1.44 绘制圆 　　　　图1.45 删除线条 　　　　图1.46 复制花纹

图1.47 调整曲线 　　　　图1.48 绘制花纹 　　　　图1.49 给花纹填充颜色

04 使用"线条工具" ，绘制出一个斜三角形。再使用"选择工具" ，将三条直线调整成有弧度的曲线，如图1.47所示。

05 使用相同方法，绘制另外两个有弧形的图形花纹，如图1.48 所示。

06 使用"颜料桶工具" ，设置填充颜色为#5A845A，在画好的 花纹上填充颜色，效果如图1.49所示。

8. 删除多余的轮廓线条

01 使用"选择工具" ，将所有轮廓线条选中，并按Delete键删除。 删除后，效果如图1.50所示。

02 可爱的汤锅就基本做好了，如果想让它看起来更为生动丰富， 可以给它适当地添加气雾缭绕的感觉。单击选择"线条工具" 按钮， 在属性面板中设置线条大小为5，颜色为#94D6F7，如图1.51所示。

图1.50 删除轮廓

图1.51 设置线条

03 在锅的上方相应位置画上两条直线，并将其调整为带弧度的曲线，如图1.52所示。

04 使用同样方法，在它的另一侧也绘制任意弧度的曲线。绘制后，效果如图1.53所示。

05 这样，可爱的汤锅就大功告成了！再次保存，测试预览效果就OK了！

图1.52 调整曲线　　　　图1.53 绘制曲线

拓展提高

读者可以尝试绘制其他卡通的生活用品，让后面的动画创作的元素更为生动。

案例三　绘制燕子

■ 案例目标　　绘制燕子。实例效果如图 1.54（光盘\素材\单元一\案例三\燕子.swf）所示。

■ 案例说明　　在用 Flash 制作卡通动画与 MTV 时，卡通鸟类也是经常出现的。本案例就教大家如何绘制卡通动物，希望大家能做到举一反三。

■ 技术要点
- "椭圆工具"的灵活应用。
- 熟练使用"选择工具"进行选择图形的轮廓线，调整直线的弧度。
- 掌握绘制多个图形组合成一个新图形的方法。

图1.54 效果图

□ 实现步骤

1. Flash 文件的新建、保存

01 启动Flash CS3，新建一个空白文档。

02 执行"文件"/"保存"命令，在弹出的"另存为"对话框中选择动画保存的位置，输入文件名称"燕子"，然后单击"保存"按钮，如图1.55所示。

图1.55 保存文件

2. Flash 舞台背景的设置

01 单击Flash界面下方的"属性"标签，展开"属性"面板，如图1.56所示。

图1.56 "属性"面板

02 在"属性"面板上，单击"文档属性"按钮，在弹出的"文档属性"对话框中设置舞台的宽为550像素，高为400像素，背景颜色为白色。完成后，单击"确定"按钮，如图1.57所示。

3. 绘制燕子的轮廓

01 单击工具箱中的"椭圆工具"按钮 ◯，同时按住Shift键在舞台窗口适当位置绘制一个无填充颜色，笔触为1，笔触颜色为黑色的正圆，如图1.58所示。

图1.57 文档属性

02 再次使用"椭圆工具"按钮 ◯，画一个稍微大些的正圆。并使用"任意变形工具" 微调一下该圆让其看起来扁一点。画好后，如图1.59所示。

03 使用同样方法，在如图1.60所示位置处再绘制两个小圆，如图1.60所示。

04 此时的轮廓看起来比较乱，使用"选择工具" 将多余的线条删除。也可以根据自己的喜欢，再使用"选择工具" 适当调整轮廓形态。删除后效果如图1.61所示。

05 再次使用"椭圆工具" ◯，绘制三个不同大小的圆，如图1.62和图1.63所示。

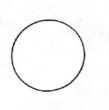

图1.58 绘制正圆

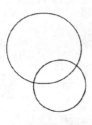

图1.59 调整圆

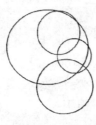

图1.60 绘制两个小圆

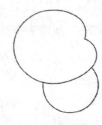

图1.61 删除线条

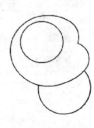

图1.62 绘制圆

06 使用"选择工具" ，将多余的线条选中并按Delete键删除。再使用"选择工具" 调整其曲线的弧度，让燕子头部显得更加自然。修改后效果如图1.64所示。

4. 绘制燕子的翅膀

01 单击工具箱中的"线条工具"按钮 ，然后在舞台中绘制出相应的4条直线，如图1.65所示。

02 单击工具箱中的"选择工具"按钮 ，对刚刚所绘制的线条进行曲线调整，所作的调整效果如图1.66所示。

03 画好翅膀后，使用"线条工具" ，为燕子添加尾巴，如图1.67所示。

04 单击工具箱中的"选择工具"按钮 ，调整绘制好的燕子尾巴两边线段的弯曲度，效果如图1.68所示。

5. 填充燕子的身体颜色

01 单击工具箱中的"颜料桶工具"按钮 ，在"颜料选择面板"中设置"填充颜色"值为#666666，在所要填充颜色的空白区域上单击鼠标填充颜色，填充后效果如图1.69所示。

02 使用同上方法，设置填充颜色值为#FFFFFF，给燕子的脸部填充白色。并使用"选择工具" ，选中燕子脸部多余的灰色区域，再按Delete键删除，效果如图1.70所示。

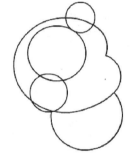

图1.63　绘制圆

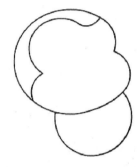

图1.64　删除线条

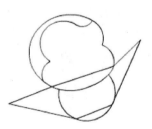

图1.65　绘制直线

图1.66　调整曲线

图1.67　添加尾巴

图1.68　调整尾巴

图1.69　填充颜色

图1.70　填充颜色

6. 绘制燕子的"五官"

01 绘制燕子的眼睛。单击工具箱中的"椭圆工具"按钮 ⬭ ，同时按住Shift键，在舞台场景中，绘制4个不同大小的正圆，为燕子画上眼睛，如图1.71所示。

02 单击工具箱中的"颜料桶工具"按钮 ⬭ ，分别将填充颜色设置为#FFFFFF以及#000000，给眼睛填充白色的眼眶和黑色的眼球，如图1.72所示。

03 绘制燕子的嘴巴。选择"线条工具" ⬭ ，在眼睛的中下方位置画一个三角形。然后再次使用"选择工具" ⬭ ，将绘制的形状调整成有一定弧度的嘴形，如图1.73和图1.74所示。

04 给嘴巴区域着色。单击工具箱中的"颜料桶工具"按钮 ⬭ ，将填充颜色设置为#FBDBAC，填充嘴巴区域，如图1.75所示。

7. 绘制燕子的"小肚子"和脚

01 单击工具箱中的"椭圆工具"按钮 ⬭ ，将其填充颜色设置为白色#FFFFFF，绘制出一个大小合适的正圆。这样，燕子的"小肚子"就绘制好了，如图1.76所示。

02 绘制的"小肚子"遮盖了部分的脸部，使用"线条工具" ⬭ ，绘制出如图一条直线。然后，再次使用"选择工具"，将直线调整成有弧度的曲线。这样，就将想留下的部分和要删除的部分分开了，如图1.77所示。

03 单击选中刚刚分开的上面区域，然后按Delete键删除。删除后，效果如图1.78所示。

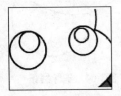

图1.71 绘制正圆

图1.72 填充眼睛颜色

图1.73 画三角形

图1.74 调整弧度

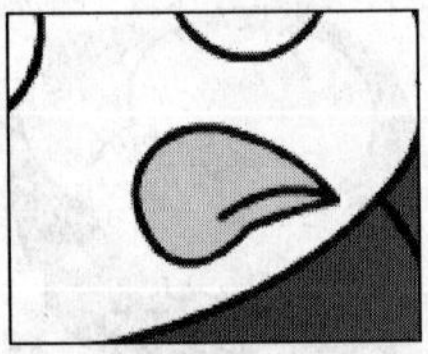

图1.75 填充颜色

图1.76 绘制"肚子"

图1.77 调整弧度

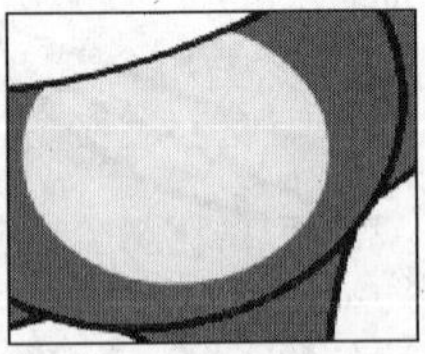

图1.78 删除线条后效果

04 使用"线条工具" \ 绘制出燕子的脚的形状。然后使用"选择工具" ，调整两边线段的弧度。绘制后，效果如图1.79所示。

05 如果想让燕子看起来更加生动，可以为它画上腮红。同样是单击"椭圆工具"按钮，填充颜色设置为#FBD9D8，笔触颜色为无。在脸部区域中，绘制出两个淡粉色的小椭圆，如图1.80所示。

06 为了使翅膀看起来更加生动，可以为翅膀添加适当的阴影让其符合立体感。使用线条工具按钮 \ ，在翅膀和尾巴处绘制直线，然后使用选择工具 将线条变弯，填充颜色设置为#4D4D4D，在需要填充阴影的地方填充，最后将阴影分割线删除。效果如图1.81所示。

拓展提高

在Flash动画中，卡通动物出现的频率很高，对动画起到画龙点睛的作用。因此，大家在课后练习中要更多加强这方面的练习。比如绘制小狗、青蛙、兔子等可爱的动物。。

图1.79 绘制脚的形状

图1.80 画腮红

图1.81 绘制效果

07 这样一只活泼的燕子就绘制完成了！

案例四 绘制卡通头像

■ **案例目标** 绘制卡通头像，实例效果如图 1.82（光盘 \ 素材 \ 单元一 \ 案例四 \ 卡通头像绘制 .swf）所示。

■ **案例说明** 人物角色在 Flash 动画中至关重要，是动画片成功的一个关键。本案例初步学习绘制一个卡通人物角色的头像。

■ **技术要点**
● 椭圆工具的灵活应用。
● 钢笔工具的使用。
● 卡通头像基本绘制方法。

图1.82 效果图

□ **实现步骤**

1. Flash 文件的新建、保存

01 启动Flash CS3，新建一个空白文档。

图1.83 保存文件

02 执行"文件"/"保存"命令，在弹出的"另存为"对话框中选择动画保存的位置，输入文件名称"卡通头像"，然后单击"保存"按钮，如图1.83所示。

2. Flash 舞台背景的设置

01 单击Flash界面下方的"属性"标签，展开"属性"面板，如图1.84所示。

图1.84 "属性"面板

图1.85 文档属性

02 在"属性"面板上，单击"文档属性"按钮，在弹出的"文档属性"对话框中设置舞台的宽为550像素，高为400像素，背景颜色为白色。完成后，单击"确定"按钮，如图1.85所示。

3. 绘制燕子的轮廓

01 单击工具箱中的"椭圆工具"按钮 ，在舞台窗口适当位置绘制一个无填充颜色，笔触为1，笔触颜色为黑色的椭圆，如图1.86所示。

02 使用"椭圆工具"  再绘制一个小圆，并复制一个，再使用"选择工具" ，单击选中并删除相应的半边，作为头像的耳朵，如图1.87和图1.88所示。

图1.86 绘制椭圆　　图1.87 绘制小圆并复制　　图1.88 删除线条

03 单击工具箱中的"钢笔工具"按钮 ，在舞台中单击鼠标，确定第一个节点，然后移动光标到合适位置处依次单击，确定其他节点，在绘制最后的节点时双击，就完成了头顶头发基本轮廓的绘制。用同样方法绘制额头上的刘海。绘制后效果如图1.89所示。

04 单击工具箱中的"部分选取工具"按钮 ，把直线调整为曲线。头发的大概轮廓也完成了，如图1.90所示。

图1.89 绘制头发和刘海　　　　图1.90 调整曲线

4. 为头像填充上底色

01 给卡通男孩的脸上填充颜色#FED0D3，如图1.91所示。

02 给头发填充棕色#9D3929，如图1.92所示。

图1.91 填充脸部颜色　　　　图1.92 填充头发颜色

小贴士

绘制开放的路径：创建多个节点后，在绘制最后的节点时双击鼠标，或按住Ctrl键单击舞台的其他位置，就完成了开放路径的绘制。

绘制封闭的路径：创建多个节点后，将光标放置在第一个节点处，当光标显示为 形状时单击鼠标，可以形成一个封闭的路径。

5. 绘制卡通男孩的五官

01 选择工具栏中的"椭圆工具" ⬭，在脸部适当的位置画上8个圆，如图1.93所示。

02 运用"选择工具" ▶，选中相应的下半部分，并将它删除，效果如图1.94所示。

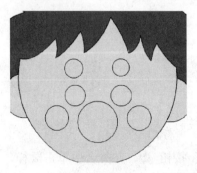
图1.93 绘制圆

图1.94 删除线条

03 将部分线条加粗。选中相应的线条，然后在属性面板中设置线条为3，如图1.95所示。

图1.95 属性面板

04 设置好后，用"墨水瓶工具" ⬧ 在将要加粗的线条上单击，效果如图1.96所示。

05 运用"椭圆工具" ⬭，按照前面的方法绘制头像的鼻子。绘制后，最终效果如图1.97所示。

图1.96 加粗线条

图1.97 绘制鼻子

拓展提高

在Flash动画中，卡通人物是必不可少的元素，在制作Flash影片时往往要绘制不同类型的人物，所以读者应该尝试绘制男人、女人、小孩、老年人、中年人等不同的人物角色。

案例五 绘制六瓣花

■ **案例目标**　完成花的绘制，实例效果如图1.98（光盘＼素材＼单元一＼案例五＼花.swf）所示。

■ **案例说明**　在Flash绘画中，上色是很重要的一部分。本案例通过花的制作，让大家逐渐学会图形的基本上色，以及阴影或者高光部分的上色方法。

■ **技术要点**
- 任意变形工具的应用。
- 刷子工具的应用。
- 图层的应用。
- 阴影效果上色处理。
- 对所绘制图形进行组合。

图1.98　效果图

实现步骤

1．Flash文件的新建、保存

01 启动Flash CS3，新建一个空白文档。

02 执行"文件"/"保存"命令，在弹出的"另存为"对话框中选择动画保存的位置，输入文件名称"花"，然后单击"保存"按钮，如图1.99所示。

2．Flash舞台背景的设置

01 单击Flash界面下方的"属性"标签，展开"属性"面板，如图1.100所示。

图1.99　保存

图1.100　"属性"面板

02 在"属性"面板上，单击"文档属性"按钮，在弹出的"文档属性"对话框中设置舞台的宽为"400像素"，高为"600像素"，背景颜色为白色。完成后，单击"确定"按钮，如图1.101所示。

图1.101 文档属性

3. 绘制花心

单击工具箱中的"椭圆工具"按钮 ◎，填充颜色设置为#FFCC00，笔触颜色为黑色。在场景中间绘制一个正圆，如图1.102所示。

4. 绘制花瓣

01 在"图层1"的基础上，新建一个"图层2"，如图1.103所示。

02 单击选择"椭圆工具" ◎，设置填充颜色为#CC3200，笔触颜色为黑色。在正圆的上方绘制一个左右压扁的椭圆，如图1.104所示。

图1.102 绘制正圆   图1.103 新建图层   图1.104 填充颜色

03 再次选择"椭圆工具" ◎，设置填充颜色为无，在刚才画的花瓣的里面绘制两个相应的椭圆，并调整它们的位置，为了不影响其他绘制好的图形，可以先将原来绘制好的图形"组合"，绘制后的效果如图1.105所示。

04 选择工具栏中的"颜料桶工具" ◇，填充颜色设置为#FF6500，填充部分如图1.106所示。

05 选择"线条工具" ＼，绘制花纹，填充颜色为#FD5C35，如图1.107所示。

06 使用"选择工具" ▶，将多余的边框线删除，删除后如图1.108所示。

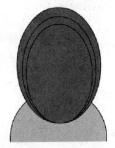

图1.105 绘制圆

图1.106 填充颜色

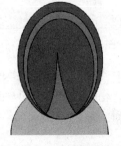

图1.107 绘制花纹并填充

图1.108 删除边框线

07 全选图层2画好的花朵，使用快捷键Ctrl+G组合。组合后，花瓣的周围出现蓝色的边框线，如图1.109所示。

08 单击选中刚刚绘制的花瓣，使用"任意变形工具"，这时可以看到中间的一个点，选中并拖动这个点到黄色花心的中间，如图1.110和图1.111所示。

09 执行"窗口"/"变形"命令，弹出一个"变形"面板，如图1.112所示。

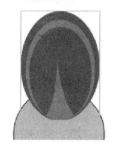
图1.109　组合边框线

图1.110　拖动点

图1.111　拖动点到花心中间

图1.112　"变形"面板

10 在弹出的"变形"面板中，在"旋转"后面的文本框中输入"60度"。单击下面的"复制并应用变形" 5次，这样，就复制了5个花瓣，如图1.113和图1.114所示。

11 花朵画好了，将"图层2"拉到"图层1"的下方，否则就遮挡住了花心，如图1.115和图1.116所示。

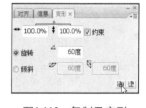
图1.113　复制及变形

图1.114　复制花瓣

图1.115　改变图层顺序

图1.116　显露花心

5．为花朵画上枝干

01 新建"图层3"，选择"线条工具" 绘制两条平行的直线，如图1.117所示。

02 使用"选择工具" ，将刚刚绘制的两条直线调整为曲线。再次使用"直线工具"，让它成为一个闭合的图形，并填充上颜色#00A24A，如图1.118所示。

03 使用"线条工具" ，为花的枝干画上光照部分。在刚才的枝干中画一个倒的小三角形，如图1.119所示。

图1.117 绘制直线

04 使用"选择工具" ▶，对线条进行调整，并填充颜色#65FF79，将多余的线条删除，如图1.120所示。

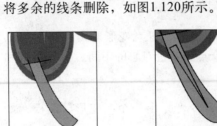

图1.118 调整曲线　　图1.119 绘制二角形　　图1.120 调整并填充颜色

05 将"图层3"拖动到"图层2"的下方，图层顺序改变后，效果如图1.121所示。

6. 绘制叶子

01 单击图层上锁定图标 👁🔒 将图层锁定。新建图层4使用"线条工具"＼，绘制两条平行的直线。并调整为相连的叶子形状，如图1.122所示。

图1.121 改变图层顺序

02 运用刚才绘制花朵的方法来绘制叶子的纹理。使用"线条工具"＼，在叶子里绘制两个较小的叶子，小的放到大的里面，如图1.123所示。

03 使用"线条工具"，绘制最里面的纹理，如图1.124所示。

04 使用"颜料桶工具" 🪣 给叶子填充颜色，颜色值为#00A24A，如图1.125所示。

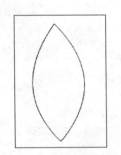

图1.122 绘制叶子形状

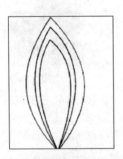

图1.123 绘制叶子纹理

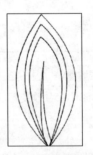

图1.124 绘制最里面的纹理

图1.125 填充颜色

05 设置颜色值为#65FF79，继续对图形进行填充，效果如图1.126所示。

06 设置颜色值为#017732，继续对图形进行填充，效果如图1.127所示。

07 将多余的线条删除，并显示所有的图层，如图1.128所示。

08 使用"任意变形工具" ，调整叶子在枝干上的位置。全选叶子，将指针移放到其中的一个角上并按住，逆时针旋转，放到适当的位置，如图1.129和图1.130所示。

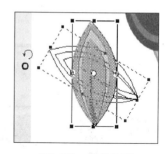

图1.126 继续填充颜色　图1.127 填充颜色　图1.128 删除线条并显示图层　　图1.129 旋转叶子

09 选中叶子，执行"编辑"/"复制"命令，如图1.131所示。

10 选择"任意变形工具" ，对刚才复制的叶子进行变形。选中后，将指针放到边框的中间的中点上，当指针变成 ↔ 时，就可对叶子任意变形了，如图1.132所示。

图1.130 摆放适当的位置　　　　图1.131 复制　　　　图1.132 叶子变形

11 给花心添加高光效果，方法和绘制枝干的高光效果一样。使用"线条工具" ，画出高光范围，如图1.133所示。

12 填充颜色#FEDC56，并将多余的线条删除，如图1.134所示。

13 选择"刷子工具" ，在花心上绘制几个点，让其看起来更加饱满，最终效果如图1.135所示。

图1.133 绘制高光　　　图1.134 删除线条　　　图1.135 绘制圆点

拓展提高

在绘制过程中可以充分利用"对齐&信息&变形"对话框下的"变形"标签，制作出不同效果的小花。

单元小结

　　本单元主要介绍了适量图形的绘制与编辑。通过本单元的学习，基本掌握了矢量图形的绘制方法和技巧，从而为制作出精彩的动画效果打下坚实的基础。

单元实训

实训一　绘制苹果

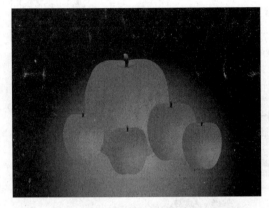

图1.136　最终效果图

【实训要求】

利用前面学习过的绘图方法绘制苹果，效果如图1.136所示。参考范例：光盘\素材\单元一\实训一\绘制苹果.swf。

【技术要点】

使用椭圆工具、刷子工具、线条工具进行绘制，绘制时应注意使用放射状填充，并使用渐变变形工具调整填充颜色。

【实训评价】

见表1.1。

表1.1　实训评价表

检查内容	评分标准	分值	学生自评	老师评估
技术运用	考察是否能熟练运用工具绘图	20		
绘画功底	考察是否能绘画得真实自然	30		
色彩运用	考察色彩运用是否协调、合理、美观	50		

实训二　绘制风景

图1.137　最终效果图

【实训要求】

利用前面学习过的绘图方法，运用矩形工具、刷子工具、任意变形工具等制作出田园风景图，如图1.137所示。参考范例：光盘\素材\单元一\实训二\绘制风景.swf。

【技术要点】

可以使用先绘制背景再绘制前景的办法——绘制，绘制时注意将不同的物体进行组合或转化为元件。

【实训评价】

见表1.2。

表1.2　实训评价表

检查内容	评分标准	分值	学生自评	老师评估
技术运用	考察是否能熟练运用工具绘图	20		
绘画功底	考察是否能绘画得真实自然	30		
色彩运用	考察色彩运用是否协调、合理、美观	50		

实训三　绘制美丽的向日葵

【实训要求】

利用前面学习过的绘图方法，运用椭圆工具、线条工具、变形面板等绘制出美丽的向日葵，如图1.138所示。参考范例：光盘\素材\单元一\实训三\美丽的向日葵.swf。

图1.138　最终效果图

【技术要点】

绘制向日葵花瓣时，充分运用变形面板中的"复制并运用变形"功能，这样可以更方便快捷地绘制出向日葵。

【实训评价】

见表1.3。

表1.3　实训评价表

检查内容	评分标准	分值	学生自评	老师评估
技术运用	考察是否能熟练运用工具绘图	20		
绘画功底	考察是否能绘画得真实自然	30		
色彩运用	考察色彩运用是否协调、合理、美观	50		

读书笔记

2

单元二　简单动画制作

单元导读

本单元主要学习和掌握关键帧、空白关键帧、普通帧的创建及作用；学习基本的动画制作方法，包括逐帧动画、直线运动动画和旋转运动动画；了解一般常见的运动规律，如走路、跑步、急停、弹跳、旋转等。

技能目标

● 掌握帧的编辑方法。
● 掌握逐帧动画的制作方法。
● 能应用补间动画的原理制作动画。

案例一 │ 开心一笑

案例目标　制作"开心一笑"动画，实例效果如图2.1（光盘\素材\单元二\案例一\开心一笑.swf）所示。

案例说明　本案例学习一般微笑动画的制作方法，微笑时嘴巴和嘴角微弯。

图2.1　效果图

技术要点
- 关键帧的添加。
- 帧的添加。
- 选择工具、椭圆工具、线条工具的使用。

实现步骤

图2.2　文档属性

图2.3　椭圆设置

1．新建文件与保存

01 启动Flash CS3。

02 在启动界面选择新建选项中的 [Flash 文件(ActionScript 3.0)]。

03 执行"文件"/"保存"命令，在弹出的"另存为"对话框中选择动画保存的位置，输入文件名称"开心一笑"，然后单击"保存"按钮。

04 单击属性面板大小旁的"文档属性"按钮，设置文档尺寸为200像素×200像素，如图2.2所示。

2．制作笑脸动画

01 双击文字"图层1"，改名为"笑脸"。

02 单击工具箱中"矩形工具"按钮 ▣，在弹出的列表中选择"椭圆工具" ◯。在椭圆属性中，设置笔触颜色为黑色#000000，高度为3，样式为实线，填充颜色为无，如图2.3所示，接着画一个空心的椭圆。

03 单击工具箱中的"选择工具"按钮 �，选中椭圆，在属性中设置高为150，宽为150。按下Ctrl+K组合键打开"对齐"面板，在"相对于舞台"选中的状态下，依次单击"水平居中对齐" ╬ 和"垂直居中对齐" ┅ 按钮，如图2.4和图2.5所示。

04 单击工具箱中的"椭圆工具" ◯，设置笔触颜色为无，填充颜色为黑色（#000000），如图2.6所示，在舞台中画一个实心椭圆作为

"左眼"。

05 单击工具箱中的"选择工具"按钮
，选中椭圆，在属性中设置高为30，宽为
20，并移到如图2.7所示的位置。

06 按住Ctrl键，拖动"左眼"到右手边，
得到一个复制的椭圆作为"右眼"，把"右眼"
移到如图2.8所示的位置。

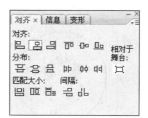

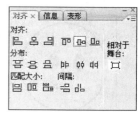

图2.4 水平居中对齐　　　图2.5 垂直居中对齐

图2.6 实心椭圆参数　　图2.7 左眼位置　　图2.8 右眼位置

07 单击工具箱中的"直线工具"按钮 ，设置笔触颜色为黑色
（#000000），高度为3，样式为实线，在嘴巴位置上画一宽为25像素的直
线作为"嘴巴"，参数设置如图2.9所示，直线位置如图2.10所示。

08 在第6帧处右击，在弹出的快捷菜单中选择"插入关键帧"命
令或直接按下F6键，如图2.11所示。

图2.9 嘴巴直线设置参数　　　图2.10 嘴巴位置　　图2.11 插入关键帧

09 单击工具箱中的"选择工具"按钮 ，单击舞台的空白区域再
选中"嘴巴"直线，修改"嘴巴"宽度为50，并移到如图2.12所示的位置。

10 单击舞台空白区域后把鼠标移到"嘴巴"旁，当鼠标变成
带弧线时，按住左键不放，向下拖拉，把直线变成弧线，形成微笑效
果，如图2.13所示。

11 单击工具箱中的"直线工具"按钮 ，设置笔触颜色为黑色
（#000000），高度为3，样式为实线，在左右嘴角位置各画一宽为20像素
的直线（直线稍微远离嘴巴），如图2.14所示。

12 单击工具箱中的"选择工具"按钮 ，单击舞台的空白区域
后分别移动到嘴角直线旁，当鼠标变成 带弧线时，按住左键不放，移
动鼠标，把直线变成弧线，效果如图2.15所示。

图2.12 "嘴巴"大小及位置　图2.13 微笑"嘴巴"效果　图2.14 嘴角两直线位置　图2.15 两嘴角弧线效果

13 在第17帧处右击，在弹出的快捷菜单中选择"插入帧"命令或按下F5键插入帧，"笑脸"图层时间轴效果如图2.16所示。

拓展提高

可以考虑其他表情的制作，如哭、愤怒等。

图2.16 "笑脸"时间轴效果图

14 按下Ctrl+Enter组合键，测试动画。

案例二　侧走

■ **案例目标**　　制作"侧走"动画，实例效果如图2.17（光盘\素材\单元二\案例二\侧走.swf）所示。

图2.17 效果图

■ **案例说明**　　本案例学习人走路时从侧面观看到的运动效果的制作方法。先制作人走路的动画，再利用背景移动，形成人往前走的效果。人走路时左右两脚交替向前，双臂同时前后摆动，但双臂的方向与脚正相反，人的重量使人的腿部出现弯曲的状态，身体的高度也自然会高低起伏，脚步迈出时，身体的高度就降低，当一只脚着地而另一只脚向前移动时，身体就升高。

■ **技术要点**　　● 关键帧的添加。

● 补间动画的制作。

实现步骤

1. 新建文件与保存

01 启动Flash CS3。

02 在启动界面选择新建选项中的  Flash 文件(ActionScript 3.0) 。

03 执行"文件"/"保存"命令，在弹出的"另存为"对话框中选择动画保存的位置，输入文件名称"侧走"，然后单击"保存"按钮。

04 执行"视图"/"网格"/"显示网格"命令，显示文档网格。

2. 导入素材和设置背景

01 执行"文件"/"导入"/"导入到库"命令，查找范围为：光盘\素材\单元二\案例二\，选中文件房子1~房子8，如图2.18所示。

图2.18 导入素材

02 按下Ctrl+F8组合键创建元件，元件名称为"背景"，类型为"图形"，如图2.19所示。

03 在舞台的显示比例  中选择25%，把"库"中的图片房子1~房子8依次拖到舞台中排成一行，效果如图2.20所示。

图2.19 新建"背景"元件

图2.20 房子1~房子8排成一行

04 按下Ctrl+A组合键全选图片，执行"修改"/"组合"命令，组合图片。按住Ctrl键，拖动群组图片到右边，复制出另一组图片，把新复制的图片放在原图片的右侧，得到较长的背景图。

05 单击 返回场景。

06 双击文字"图层1"，把"图层1"改为"背景"。

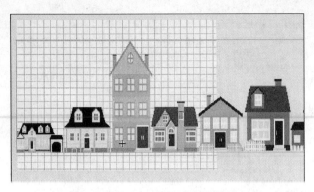

图2.21 第1帧"背景"元件的位置

图2.22 第150帧"背景"元件的位置

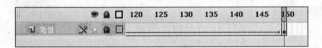

图2.23 "背景"图层时间轴效果

07 把"库"中的"背景"元件拖到舞台中,打开"属性"面板,修改元件的宽度为2000,高度为300,并移到舞台的右侧如图2.21所示的位置。

08 在"背景"图层的第150帧处按下F6键插入帧,把"背景"元件移到舞台的左侧位置,如图2.22所示。

09 在第1帧与第150帧之间右击,选择"创建补间动画"命令,并单击锁图标 🔒 下面的白点,锁住"背景"图层,效果如图2.23所示。

3.创建"躯干"元件

01 按下Ctrl+F8组合键创建元件,元件名称为"躯干",类型为"图形",如图2.24所示。

02 单击工具箱中的"椭圆工具"按钮 ◯ 椭圆工具,设置笔触颜色为无,填充颜色为黑色#000000,画一个50×50的圆。

03 单击工具箱中的"线条工具"按钮 ╲,设置笔触颜色为黑色#000000,笔触高度为21,笔触样式为实线,在圆下面画一条高为80的直线,效果如图2.25所示。

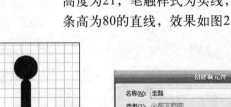

图2.24 创建"躯干"元件　　　图2.25 "躯干"效果图　　　图2.26 新建"走路"影片剪辑

4.创建走路动画

01 按下Ctrl+F8组合键创建元件,元件名称为"走路",类型为"影片剪辑",如图2.26所示。

02 把"图层1"改名为"参考线"。单击工具箱中的"线条工具" ╲,设置笔触颜色为蓝色#0000FF,笔触高度为2,笔触样式为实线,画两条宽为200像素的直线,直线间间距约为234像素,效果如图2.27所示。

03 在“参考线”图层的第9帧处按下F5键插入帧，并单击锁图标 下面的白点，锁住“参考线”图层，如图2.28所示。

04 单击“新建图层”按钮 新建图层2，并把“图层2”改名为“走路”。单击“走路”图层第1帧，把“库”中的“躯干”元件拖到舞台中，“头部”稍微超出上参考线，效果如图2.29所示。

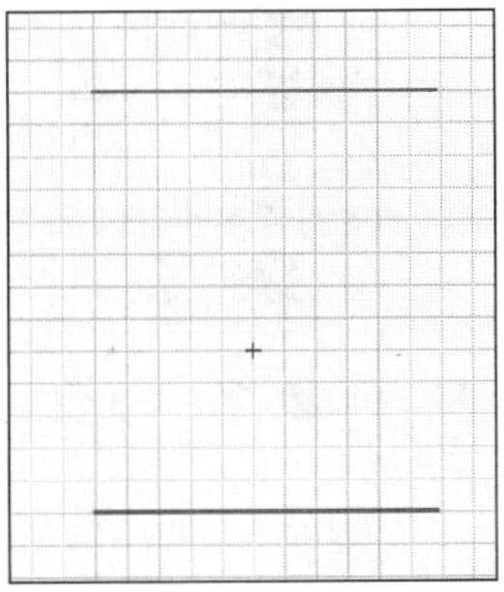

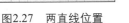

图2.27　两直线位置

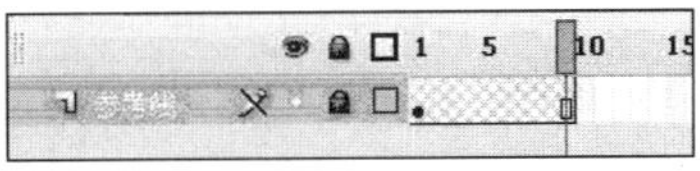

图2.28　参考线图层时间轴效果

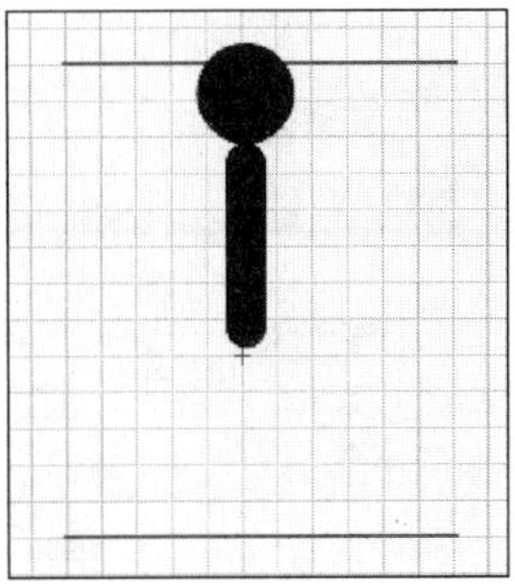

图2.29　第1帧躯干位置

05 单击工具箱中的“线条工具”按钮 ，设置笔触颜色为黑色#000000，笔触高度为21，笔触样式为实线，画出四肢和双脚掌，并用“选择工具” 调整直线的弧度，效果如图2.30所示（注意后脚掌翘起，前脚掌落地，支撑点在蓝线上）。

06 在“走路”图层第3帧右击，选择“插入空白关键帧”命令，单击 中的“绘图纸外观”工具 ，把“库”中的“躯干”元件拖到舞台中，与第1帧的“躯干”重叠，“头部”比第1帧的“头部”稍微高出一点，如图2.31所示。

07 参考第05步，画出如图2.32所示的效果。

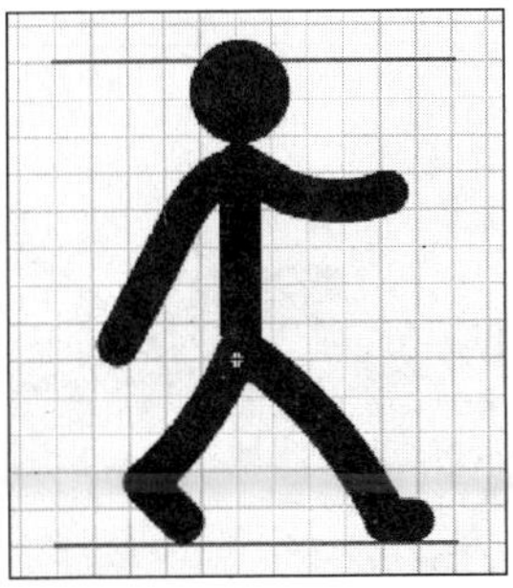

图2.30　第1帧“走路”效果

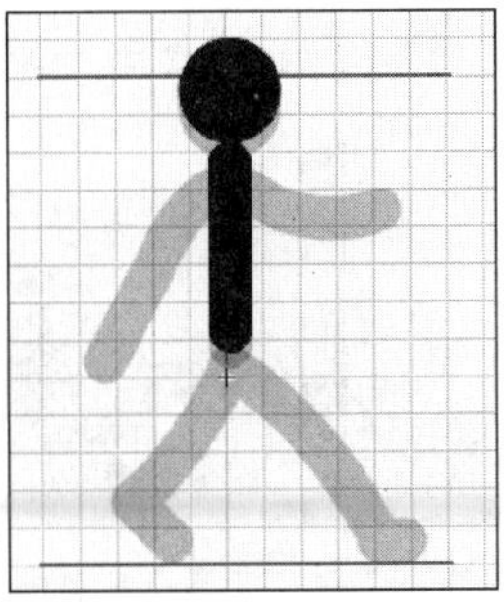

图2.31　第3帧“躯干”位置

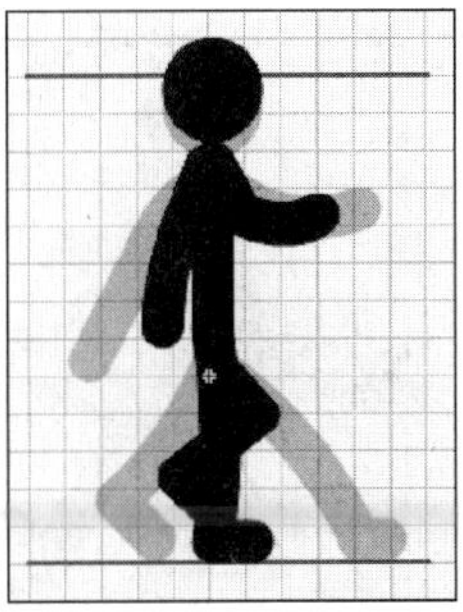

图2.32　第3帧“走路”效果

08 在“走路”图层第5帧右击，选择“插入空白关键帧”命令，把“库”中的“躯干”元件拖到舞台中，与第3帧的“躯干”重叠，“头部”比第3帧的“头部”稍微高出一点，如图2.33所示。

09 参考第05步，画出如图2.34所示的效果。

10 在"走路"图层第7帧右击，选择"插入空白关键帧"命令，把"库"中的"躯干"元件拖到舞台中，与第3帧的"躯干"重叠，"头部"在蓝色线底下，如图2.35所示。

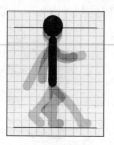

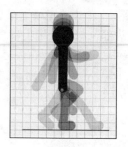

图2.33 第5帧"躯干"位置　　　图2.34 第5帧"走路"效果　　　图2.35 第7帧"躯干"位置

11 参考第05步，画出如图2.36所示的效果。（后脚掌着地，前脚掌提起）

12 选中"参考线"图层，单击 　　　 的垃圾桶图标 　，把"参考线"图层删除掉。

5．制作弹跳篮球

01 单击 　场景1 　返回场景。

02 单击图层面板 　　　 中的 　 按钮插入新图层2，把"图层2"改名为"行走"。

03 单击"行走"图层的第1帧，把"库"中的"走路"影片剪辑拖到场景中，修改"走路"影片剪辑属性中的宽度为80，高度为130，并移到舞台中间下方位置，如图2.37所示。

图2.36 第7帧"走路"效果　　　　　　　图2.37 "走路"在舞台中的位置

04 按下Ctrl+Enter组合键，测试动画。

拓展提高

请思考人跑步的动画是如何制作的。

案例三 远来的汽车

■ **案例目标**　　制作"远来的汽车"动画，实例效果如图2.38（光盘\素材\单元二\案例三\远来的汽车.swf）所示。

图2.38　效果图

■ **案例说明**　　本案例学习制作汽车在公路的远处缓缓开过来的动画，在远处的汽车比较小而且模糊，在近处则清晰，较大。在远处，移动的距离虽小，但所花时间较长，在近处则相反。

■ **技术要点**
- Alpha的设置。
- 元件形状的修改。
- 补间动画的创建。

🔲 实现步骤

1．新建文件与保存

01 启动Flash CS3。

02 在启动界面选择新建选项中的 🔲 Flash 文件(ActionScript 3.0)。

03 执行"文件"/"保存"命令，在弹出的"另存为"对话框中选择动画保存的位置，输入文件名称"远来的汽车"，然后单击"保存"按钮。

2．导入素材和设置背景

01 执行"文件"/"导入"/"导入到库"命令，查找范围为：光盘\素材\第二单元\案例三\，把图片文件导入到"库"，如图2.39所示。

02 双击文字"图层1"，把"图层1"改为"背景"。

03 把"库"中的"背景"位图拖到舞台中，打开"属性"面板，修改图片的宽度为550.0，高度为440.0，如图2.40所示。

04 按下Ctrl+K组合键打开"对齐"面板，在"相对于舞台"选中的状态下，依次单击"水

图2.39　导入素材

平居中对齐" 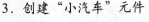 和"垂直居中对齐"按钮 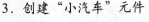，如图2.41和图2.42所示。

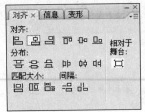

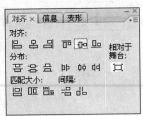

图2.40 "背景"图片属性　　图2.41 水平居中对齐　　图2.42 垂直居中对齐

图2.43 "背景"时间轴

05 在"背景"图层的第76帧处按下F5键插入帧，并单击锁图标 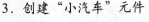 下面的白点，锁住"背景"图层，如图2.43所示。

3. 创建"小汽车"元件

01 按下Ctrl+F8组合键创建元件，元件名称为"小汽车"，类型为"图形"，如图2.44所示。

图2.44 创建"小汽车"元件

02 把"库"中的汽车图片拖到舞台中，打开"对齐"面板，在"相对于舞台"选中的状态下，依次单击"水平居中对齐" 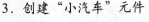 和"垂直居中对齐" 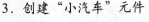 按钮。

4. 创建移动的小汽车

01 单击 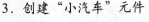 返回场景。

02 单击图层面板 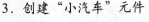 中的 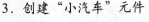 按钮插入新图层2，把"图层2"改名为"汽车"。

03 单击"汽车"图层的第1帧，把"库"中的"小汽车"元件拖到场景中，修改属性，如图2.45所示。把元件放在路的远处，如图2.46所示。

04 在第35帧处按下F6键插入关键帧，选中场景中的"小汽车"元件，在"属性"面板中设置，如图2.47所示。把"小汽车"移到中远距离处，如图2.48所示。

图2.45 第1帧"小汽车"属性设置

图2.46　第1帧"小汽车"的远端位置

图2.47　第35帧"小汽车"属性设置

图2.48　第35帧"小汽车"中远距离位置

05 在第1帧与第35帧之间右击，选择"创建补间动画"命令，这时的时间轴如图2.49所示。

图2.49　"汽车"图层时间轴效果图

06 同理，在第50帧、第65帧、第75帧处按下F6键插入关键帧。在第50帧处，"小汽车"元件的属性如图2.50所示。移动"小汽车"到中距离处，如图2.51所示。在第65帧处，"小汽车"元件的属性如图2.52所示。移动"小汽车"到近距离处，如图2.53所示。第75帧处，"小汽车"元件的宽度为1000高度为750，如图2.54所示。移动"小汽车"遮住背景，如图2.55所示。

图2.50　第50帧"汽车"属性

图2.51　第50帧"汽车"中距离位置

图2.52　第65帧"汽车"属性

图2.53　第65帧"汽车"近距离位置

图2.54　第75帧"汽车"属性

图2.55　第75帧"汽车"遮住背景

07 在第35帧、第50帧、第65帧、第75帧之间右击，创建补间动画，如图2.56所示。

图2.56　关键帧之间的补间动画时间轴

08 在第76帧处右击，选择"插入空白关键帧"，如图2.57所示。

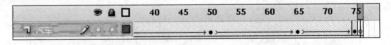

图2.57　第76帧处插入空白关键帧

拓展提高

　　制作远去的汽车。

09 按下Ctrl+Enter组合键，测试动画。

案例四 急停的汽车

图2.58 效果图

■ **案例目标**　制作"急停的汽车"动画，实例效果如图2.58（光盘\素材\单元二\案例4\急停的汽车.swf）所示。

■ **案例说明**　汽车高速运行，遇到突发事件而要马上停车，停车后再缓慢开走。在突然停止时候，由于惯性作用，车身会发生往前挤压变形，并以前轮为支点，后车身往上提。车下地后，由于重力作用，车身会发生向下的挤压变形，之后恢复到原来状态。车身的压缩比例与表现效果成正比。本案例学习如何制作高速运动到静止的惯性运动。

■ **技术要点**
- 补间动画的制作。
- 补间动画中缓动的使用。
- 任意形变中心点的修改。
- 形变缩放和旋转的修改。

实现步骤

1. 新建文件与保存

01 启动Flash CS3。

02 在启动界面选择新建选项中的

🏠 Flash 文件(ActionScript 3.0) 。

03 执行"文件"/"保存"命令，在弹出的"另存为"对话框中选择动画保存的位置，输入文件名称"急停的汽车"，然后单击"保存"按钮。

2. 导入素材和设置背景

01 执行"文件"/"导入"/"导入到库"命令，查找范围为：光盘\素材\单元二\案例四\，选择文件房子1～房子6以及卡通汽车如图2.59所示。

02 按下Ctrl+F8组合键创建元件，元件名称为"背景房子"，类型为"图形"，如图2.60所示。

图2.59　导入素材

图2.60　新建"背景房子"元件

03 在舞台的显示比例 中选择25%，把"库"中的图片房子1、房子2、房子3、房子4、房子5、房子6依次拖到舞台中排成一行，效果如图2.61所示。

图2.61 背景房子

04 单击 场景 1 返回场景。

05 双击文字"图层1"，把"图层1"改为"背景"。

06 把"库"中的"背景房子"元件拖到舞台中，打开"属性"面板，修改元件的宽度为600.0，高度为200.0，如图2.62所示。

07 在舞台的显示比例 中选择100%，把元件"背景房子"放到适当位置，如图2.63所示。

图2.62 "背景房子"的宽、高

图2.63 "背景房子"在场景中的位置

08 在"背景"图层的第50帧处按下F5键插入帧，并单击锁图标 下面的白点，锁住"背景"图层，如图2.64所示。

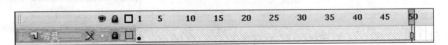

图2.64 "背景"图层时间轴效果

3. 创建"汽车"元件

01 按下Ctrl+F8组合键创建元件，元件名称为"汽车"，类型为"图形"，如图2.65所示。

图2.65　创建"汽车"元件

02 把"库"中的卡通汽车图片拖到舞台中，按下Ctrl+K组合键打开"对齐"面板，在"相对于舞台"选中的状态下，依次单击"水平居中对齐" 和"垂直居中对齐" 按钮。

4. 急停汽车的制作

01 单击 场景1 返回场景。

02 单击图层面板 中的 按钮插入新图层2，把"图层2"改名为"汽车"。在舞台的显示比例 工作区 25% 中选择50%。

03 单击"汽车"图层的第1帧，把"库"中的"汽车"元件拖到场景中，修改属性并放在场景的左外侧，如图2.66所示。

04 在舞台的显示比例 工作区 25% 中选择100%，在"汽车"图层第15帧处按下F6键插入关键帧，把"汽车"元件移到如图2.67所示的位置。

05 单击第1帧，在帧属性中，"补间"选择"动画"，"缓动"调到-100，如图2.68所示。

06 在第16帧处按下F6键插入关键帧。

07 单击工具箱中"任意变形工具"按钮，把"汽车"元件的变形中心点（空心圆圈）移到前轮下，如图2.69所示。

08 执行"修改"/"变形"/"缩放和旋转"命令，在弹出的对话框中，"缩放"为80%，"旋转"为20度，如图2.70所示。修改后的"汽车"效果如图2.71所示。

09 在第23帧处按下F6键插入关键帧。

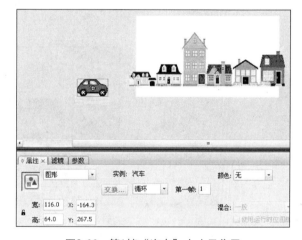

图2.66　第1帧"汽车"大小及位置

图2.67　第15帧"汽车"所在的位置

图2.68　第1帧属性

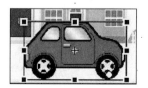

图2.69　变形中心点移到前轮

图2.70 "汽车"缩放和旋转参数　图2.71 缩放、旋转后的"汽车"　图2.72 第23帧"汽车"缩放、旋转参数

10 执行"修改"/"变形"/"缩放和旋转"命令，在弹出的对话框中，设置"缩放"为125%，"旋转"为-20度，如图2.72所示。修改后的效果如图2.73所示。

11 在第24帧处按下F6键插入关键帧。

12 单击工具箱中"任意变形工具"按钮，把"汽车"元件的变形中心点（空心圆圈）从前轮移到车底的中间位置，如图2.74所示。

图2.73 修改后的"汽车"形状　　图2.74 变形中心点在车底中间

13 修改"汽车"元件属性，如图2.75所示。

14 在第25帧处按下F6键插入关键帧。

15 修改"汽车"元件属性，如图2.76所示。

图2.75 第24帧"汽车"宽、高　　图2.76 第25帧"汽车"宽、高

16 在第50帧处按下F6键插入关键帧。把"汽车"移到场景右外侧位置，如图2.77所示。

图2.77 第50帧"汽车"的位置

17 在第25帧与第50帧之间单击右键，选择"创建补间动画"命令，如图2.78所示。

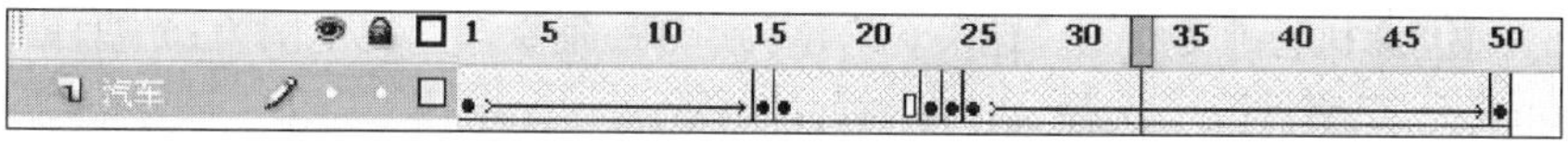

图2.78 "汽车"图层时间轴效果

18 按下Ctrl+Enter组合键，测试动画。

案例五 篮球落地

■ **案例目标**　　制作"篮球落地"动画，实例效果如图2.79（光盘\素材\单元二\案例五\篮球落地.swf）所示。

■ **案例说明**　　本案例学习从高而下的弹性运动制作方法。情景为：篮球从上而下做自由落体运动，速度从慢到快，撞到地面后，球体发生变形，然后反弹一定高度，高度可以降低为原来的一半，反弹过程速度从快到慢，然后再落下……最后滚动到一边停下来。

图2.79 效果图

■ **技术要点**
- 补间动画的制作。
- 补间动画中缓动的使用。
- 任意形变中心点的修改。

实现步骤

1. 新建文件与保存

01 启动Flash CS3。

02 在启动界面选择新建选项中的 Flash 文件(ActionScript 3.0) 。

03 执行"文件"/"保存"命令，在弹出的"另存为"对话框中选择动画保存的位置，输入文件名称"落地篮球"，然后单击"保存"按钮。

04 修改文档属性，如图2.80所示。

05 执行"视图"/"网格"/"显示网格"命令，显示文档网格。

2. 导入素材和设置背景

01 执行"文件"/"导入"/"导入到库"命令，查找范围为:光盘\素材\单元二\案例五，选择文件如图2.81所示。

图2.80 文档属性　　　　　图2.81 导入素材

02 按下Ctrl+F8组合键创建元件，元件名称为"篮球架"，类型为"图形"，如图2.82所示。

03 把"库"中的pic1图片拖到舞台中。打开"对齐"面板，在"相对于舞台"选中的状态下，依次单击"水平居中对齐" 和"垂直居中对齐" 按钮。

04 单击 场景1 返回场景。

05 双击文字"图层1"，把"图层1"改为"背景"。

06 把"库"中的"篮球架"元件拖到舞台中，打开"属性"面板，修改元件的宽度为150，高度为300，并移到如图2.83所示的位置，属性设置如图2.84所示。

图2.82 新建"篮球架"元件

图2.83 "篮球架"的位置

图2.84 "篮球架"的属性

07 在"背景"图层的第45帧处按下F5键插入帧，并单击锁图图标 🔒 下面的白点，锁住"背景"图层，如图2.85所示。

图2.85 "背景"图层效果

3．创建"篮球"元件

01 按下Ctrl+F8组合键创建元件，元件名称为"篮球"，类型为"图形"，如图2.86所示。

02 把"库"中的pic2图片拖到舞台中，打开"对齐"面板，在"相对于舞台"选中的状态下，依次单击"水平居中对齐" 凸 和"垂直居中对齐" ⊡ 按钮。

4．创建"转动篮球"影片剪辑

01 按下Ctrl+F8组合键创建元件，元件名称为"转动篮球"，类型为"影片剪辑"，如图2.87所示。

02 把"库"中的"篮球"元件拖到舞台中，打开"对齐"面板，在"相对于舞台"选中的状态下，依次单击"水平居中对齐" 凸 和"垂直居中对齐" ⊡ 按钮。

图2.86 创建"篮球"元件

03 在"图层1"的第12帧处按下F6键插入关键帧，单击第1帧，设置帧属性，如图2.88所示。

5．制作弹跳篮球

01 单击 📄场景1 返回场景。

02 单击图层面板 🔲🔂🔲🗑 中的 🔲 按钮插入新图层2，把"图层2"改名为"篮球"。

03 单击"篮球"图层的第1帧，把"库"中的"转动篮球"影片剪辑拖到场景中，修改属性，如图2.90所示，并移到球网下方，如图2.89所示。

图2.87 新建-"转动篮球"影片剪辑

图2.88 第1帧属性设置

04 单击工具箱的"任意变形工具"按钮 ，把"转动篮球"的变形中心点移到篮球的底部，如图2.91所示。

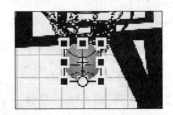

图2.89 "转动篮球"的位置　　　　图2.90 "转动篮球"的宽、高　　　　图2.91 "转动篮球"变形中心点

05 在"篮球"图层的第12帧处按下F6键插入关键帧，单击工具箱的"选择工具"按钮 ，把"转动篮球"元件移动到如图2.92所示的位置。

06 单击工具箱中的"任意变形工具"按钮 ，把"转动篮球"向下压扁7像素，如图2.93所示。

07 单击"篮球"图层的第1帧，设置帧属性，如图2.94所示。

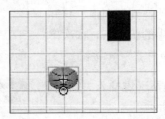

图2.92 第12帧"转动篮球"的位置　　　图2.93 压扁的"转动篮球"　　　图2.94 第1帧属性

08 在"篮球"图层的第24帧处按下F6键插入关键帧，单击工具箱的"选择工具"按钮 ，把"转动篮球"元件移动到如图2.95所示的位置（原始高度的1/2左右）。

09 单击工具箱中的"任意变形工具"按钮 ，把"转动篮球"向上拉伸7像素，恢复到原来圆的状态，如图2.96所示。

10 单击"篮球"图层的第12帧，设置帧属性，如图2.97所示 。

图2.95　篮球位置

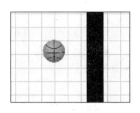
图2.96　拉伸后的"转动篮球"

图2.97　第12帧属性

11 在"篮球"图层的第28帧处按下F6键插入关键帧，单击工具箱的"选择工具"按钮 ，把"转动篮球"元件移动到第12帧所在的位置，如图2.98所示。

12 单击工具箱中的"任意变形工具"按钮 ，把"转动篮球"向下压扁5像素，效果如图2.99所示。

13 单击"篮球"图层的第24帧，设置帧属性，如图2.100所示。

图2.98　第28帧篮球的位置

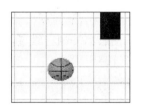
图2.99　第28帧压扁的篮球

图2.100　第24帧属性

14 在"篮球"图层的第32帧处按下F6键插入关键帧，单击工具箱的"选择工具"按钮 ，把"转动篮球"元件移动到如图2.101所示的位置（原始高度的1/4左右）。

15 单击工具箱中的"任意变形工具"按钮 ，把"转动篮球"向上拉伸5像素，恢复到原来圆的状态。

16 单击"篮球"图层的第24帧，设置帧属性，如图2.97所示。

17 在"篮球"图层第34帧处按下F6键插入关键帧，参照步骤11～13，把"转动篮球"移到第12帧所在的位置，向下压缩3个像素，第32帧的属性为"补间：动画；缓动：-100"。

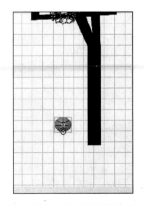
图2.101　第32帧篮球位置

18 在"篮球"图层第36帧处按下F6键插入关键帧，参照步骤14至16，把"转动篮球"移到原始高度的1/8左右处，如图2.102所示。选择"任意变形工具" ，把"转动篮球"拉伸3像素，恢复圆的样子，第34帧的属性设为"补间：动画；缓动：100"。

19 在"篮球"图层第37帧处按下F6键插入关键帧，单击工具箱中的"选择工具"按钮 ，把"转动篮球"元件移动到第12帧所在的位置，如图2.103所示。

20 在"篮球"图层第38帧处按下F6键插入关键帧，把"转动篮球"元件向右上方移动一小段距离，如图2.104所示。

21 在"篮球"图层第39帧处按下F6键插入关键帧，把"转动篮球"元件向右下方移动一小段距离，如图2.105所示。

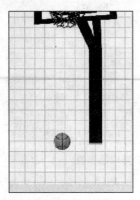

图2.102 第36帧篮球位置

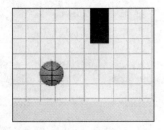

图2.103 第37帧篮球位置

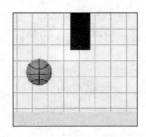

图2.104 第38帧篮球位置

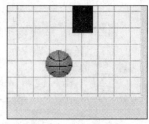

图2.105 第39帧篮球位置

22 在"篮球"图层第45帧处按下F6键插入关键帧，把"转动篮球"元件向右移出舞台，如图2.106所示。

23 单击"篮球"图层第39帧，设置帧属性，如图2.107所示。"篮球"图层时间轴效果如图2.108所示。

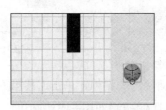

图2.106 第45帧篮球位置

图2.107 第39帧属性

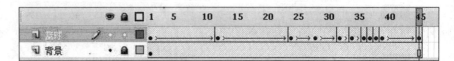

图2.108 "篮球"图层时间轴效果

24 按下Ctrl+Enter组合键，测试动画。

案例六 转动的风车

案例目标 制作"转动的风车"动画，实例效果如图2.109（光盘\素材\单元二\案例六\转动的风车.swf）所示。

案例说明 本案例通过学习如何制作转动的风车从而掌握旋转运动的制作方法。

技术要点
● 创建补间动画。
● 设置旋转动画。
● 复制、群组、旋转元件。

图2.109 效果图

实现步骤

1．新建文件与保存

01 启动Flash CS3。

02 在启动界面选择新建选项中的 [图标] Flash 文件(ActionScript 3.0) 。

03 执行"文件"/"保存"命令，在弹出的"另存为"对话框中选择动画保存的位置，输入文件名称"转动的风车"，然后单击"保存"按钮。

2．导入素材和设置背景

01 执行"文件"/"导入"/"导入到库"命令，查找范围为光盘\素材\单元二\案例六\，选择文件背景.jpg如图2.110所示。

02 把"库"中的背景图片拖到场景中，按下Ctrl+K组合键打开"对齐"面板，在"相对于舞台"选中的状态下，依次单击"水平居中对齐" 🖁 和"垂直居中对齐" 🏗 按钮。

03 双击文字"图层1"，把"图层1"改为"背景"。并单击锁图标 🔒 下面的白点，锁住"背景"图层，如图2.111所示。

3．创建"风叶"元件

01 按下Ctrl+F8组合键创建新元件，元件名称为"风叶"，类型为

图2.110 导入素材

图2.111 "背景"图层效果

"图形"，如图2.112所示。

02 单击工具箱中的"矩形工具"按钮 ▭，设置笔触颜色为#CC6600，填充颜色为无，如图2.113所示，画一个实心矩形。

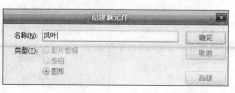

图2.112 创建"风叶"元件

图2.113 矩形笔触、填充属性

03 单击工具箱中的"选择工具"按钮 ↖，单击矩形，修改属性，如图2.114所示。

04 单击工具箱中的"矩形工具"按钮 ▭，设置笔触颜色为#FF9900，笔触高度为3，线型为实线，填充颜色为无，如图2.115所示，画一个200×50的空心矩形。

图2.114 矩形的宽、高

图2.115 矩形参数

05 单击工具箱中的"选择工具"按钮 ↖，选中空心矩形，把矩形移动到前一实心矩形下方，如图2.116所示。

06 把鼠标移到空心矩形的左边线上，当鼠标变成 ↖ 时，按住鼠标左键向左移动，把直线变成弧线，如图2.117和图2.118所示。

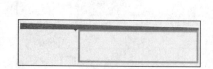

图2.116 空心矩形的位置

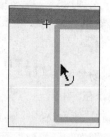

图2.117 鼠标移到左侧直线

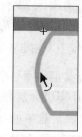

图2.118 移动后直线变成弧线

07 同理，把空心矩形的右侧直线变成弧线，如图2.119和图2.120所示。修改后的效果图如图2.121所示。

08 单击工具箱中的"线条工具"按钮 ＼，笔触颜色为#FF9900，笔触高度为3，线型为实线，如图2.122所示。按住Shift键，在空心矩形中画两条横线，6条竖线，效果如图2.123所示。

图2.119 鼠标移到右侧直线

图2.120 直线变成弧线

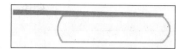
图2.121 修改后的空心矩形效果

图2.122 线条工具属性

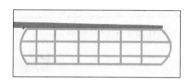
图2.123 画横线和竖线效果

4. 风叶盖的制作

01 按下Ctrl+F8组合键创建新元件，元件名称为"风叶盖"，类型为"图形"，如图2.124所示。

02 单击工具箱中的"椭圆工具"按钮 ，设置椭圆属性的笔触颜色为无，填充颜色为#CC6600，如图2.125所示，画一个椭圆。

图2.124 新建元件"风叶盖"

图2.125 椭圆工具属性

03 单击工具箱中的"选择工具"按钮 ，选中椭圆，修改椭圆的宽和高，如图2.126所示。按下Ctrl+K组合键打开"对齐"面板，单击"水平居中对齐" 和"垂直居中对齐" 按钮，效果如图2.127所示。

5. 风车的制作

01 按下Ctrl+F8组合键创建新元件，元件名称为"风车"，类型为"图形"，如图2.128所示。

图2.126 椭圆宽、高

图2.127 居中对齐的圆

图2.128 新建"风车"元件

02 把"库"中的"风车叶片"元件拖到舞台中,叶片最左端放在十字中心点右侧旁,如图2.129所示。

03 按住Ctrl键拖动"风车叶片"元件到左侧,可复制得到另一叶片,如图2.130所示。

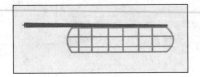

图2.129 风叶在十字中心点右侧

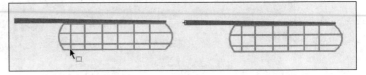

图2.130 复制得到两个风车叶片

04 选中复制出来的叶片,执行"修改"/"变形"/"顺时针旋转90度"命令,把旋转后的叶片移到舞台十字中心点的下方,效果如图2.131所示。

05 按下Ctrl+A组合键全选中两个叶片,再按下Ctrl+G组合键执行"组合"命令。

06 按住Ctrl键拖动组合的叶片到左侧可复制得到另一组叶片,如图2.132所示。

07 选中新复制的叶片组合,执行"修改"/"变形"/"顺时针旋转90度"命令两次,把旋转后的叶片组合移到舞台十字中心点上方,效果如图2.133所示。

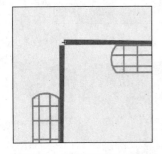

图2.131 旋转后叶片的位置

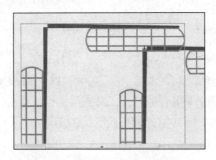

图2.132 组合叶片复制后效果图

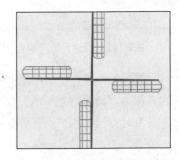

图2.133 4片叶片的位置及效果

08 把"库"中的"风叶盖"元件拖到舞台中,放在中心点上,效果如图2.134所示。

6.转动风车的制作

01 按下Ctrl+F8组合键创建新元件,元件名称为"转动的风车",类型为"影片剪辑",如图2.135所示。

02 把"库"中的"风车"元件拖到舞台中,按下Ctrl+K组合键打开"对齐"面板,在"相对于舞台"选中的状态下,依次单击"水平居中对齐" 品 和"垂直居中对齐" 叶 按钮。并修改元件的高和宽，如图2.136所示 。

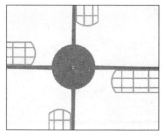

图2.134 加上叶片盖后的风车

图 2.135 新建"转动的风车"元件

图2.136 "风车"元件属性

03 在图层1的第24帧处按下F6键插入关键帧，单击第1帧，设置帧属性，如图2.137所示。图层1的时间轴效果如图2.138所示。

图2.137 第1帧属性

图2.138 图层1时间轴效果图

7. 场景的制作

01 单击 场景1 返回场景。

02 单击图层面板 中的 按钮插入新图层2，把"图层2"改名为"风车"。

03 把"库"中影片剪辑"转动的风车"拖到舞台中，放在相应的位置，如图2.139所示。

04 按下Ctrl+Enter组合键，测试动画。

图2.139 "转动的风车"位置

拓展提高

可以参考制作出转动的车轮。

单元小结

本单元主要学习一般直线运动、旋转运动动画的制作方法，关键帧、空白关键帧、帧的创建，补间动画中缓动、Alpha的设置及作用，了解日常生活中弹跳运动、急停等惯性运动的制作方法。

单元实训

实训一 跑步

【实训要求】

利用逐帧动画的制作方法，制作出人物侧面跑步动画。图2.140所示为效果图。参考范例：素材\单元二\实训一\跑步.swf。

图2.140 效果图

【技术要点】

留意身边人物跑步的分解动作，在各关键帧中画出相应的画面，特别注意双手和双脚的交替，前脚和后脚抬起和落地的时间。制作出人物跑步动画后，再利用背景的移动，形成人物在场景中跑步效果。

【实训评价】

表2.1 跑步动画测评表

检查内容	评分标准	分值	学生自评	老师评估
空白关键帧创建	能创建空白关键帧	20		
跑步动画	能正确在各关键帧中画出跑步的各分解动作	50		
补间动画制作	背景能直线运动	30		

实训二　骑自行车

【实训要求】

利用逐帧动画、旋转动画和直线运动的制作方法，制作出人物骑着自行车从画面的右侧向左侧运动的动画，其中自行车的车轮是转动的。图2.141所示为效果图。参考范例：素材\单元二\实训二\骑自行车.swf。

图2.141　效果图

【技术要点】

留意身边骑自行车的分解动作，利用逐帧动画，创建骑自行车的动画；利用旋转动画的制作方法，制作出车轮转动动画，把骑自行车动画和车轮转动动画合成一个动画；再利用背景从左向右的移动过程，形成人物骑自行车从右到左的动画。制作骑自行车动画时，要特别注意双脚的交替。

【实训评价】

表2.2　骑自行车动画测评表

检查内容	评分标准	分值	学生自评	老师评估
旋转动画	能创建出转动的车轮动画	20		
骑自行车动画	能正确在各关键帧中画出骑自行车的各分解动作	50		
补间动画制作	背景能直线运动	30		

读书笔记

3

单元三　文 本 动 画

单元导读

　　文字的作用是图形不可替代的，它能传递准确的信息。文字与图形结合在一起能更加生动活泼地表达思想。Flash CS3 可以完成很多文本的处理工作，用户可设置文本的字体、字号、样式、间距、颜色和翻转等效果。

　　本单元通过 4 个实例学习 Flash CS3 在文本处理方面的强大功能和各种文字特效的实现。

技能目标

- 掌握文本工具的使用方法。
- 掌握文本属性的调整。
- 掌握特效文字的制作方法和技巧。

案例一　写字效果

图3.1　效果图

■ 案例目标　制作"写字效果"动画，实例效果如图3.1（光盘\素材\单元三\案例一\写字效果.swf）所示。

■ 案例说明　我们经常会在一些电影片头看到一些字被一笔一画写出来的效果，其实，可以用Flash的逐帧动画做出这样的效果。

■ 技术要点　● 文本的操作。
　　　　　　　● 逐帧动画。

🔲 实现步骤

1. 编辑关键帧

01 新建一个Flash文件。

02 新建名为word的"影片剪辑"元件，单击"确定"按钮，进入影片的编辑窗口。

03 在工具箱中选择"文本工具" **T**。在"属性"面板中将文字的字体设置为Comic Sans MS，字号为96，字体颜色为黑色。在场景中输入文字flash，如图3.2所示。

图3.2　输入文字

04 单击 场景1 按钮返回到影片舞台，将刚才创建的word影片剪辑拖曳到舞台中央，用"选择工具" 框选，执行"修改"/"分离"命令3次，把影片剪辑分离到形状状态，如图3.3所示。

图3.3　分离组件

> **小贴士**
>
> 每次使用完Flash的设计工具后都应该切换到"选择工具"，然后再进行下面的操作，以避免引起误操作。

> **小贴士**
>
> "分离"和"组合"是Flash里比较重要的概念。只有分离到形状状态的对象才能对其局部进行处理，比如擦除、部分移动等。而组合的对象在移动的时候是整个对象作为一个整体一起移动的。用"选择工具"框选对象，若对象上有许多小星点，则表示对象是分离的，属于形状状态；若对象是被蓝色的线框包围，则表示对象是组合状态（可在属性面板中查看对象的状态）。另外，处于被分离的对象（形状状态）才能够建立形状补间，而组合的对象才能建立移动补间。用Flash工具绘制的线条、图形默认都是形状状态。

05 选中时间轴上的第2帧，执行"插入"/"时间轴"/"关键帧"命令，在第2帧处插入一个关键帧，使用"橡皮擦工具"，擦除文字flash最后一笔的一部分，如图3.4所示。

图3.4 擦除部分文字

06 重复第05步，按照与文字"flash"书写笔画顺序相反的顺序将文字一点点擦除，直到把文字对象全部擦除为止。这样，最后会得到一个文字flash的笔画逐渐消失的动画，这时"时间轴"面板的状态如图3.5所示。

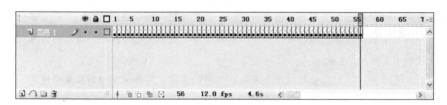

图3.5 "时间轴"面板状态

07 选中创建好的所有关键帧，在所选定的关键帧上右击，在弹出的快捷菜单中选择"翻转帧"命令，将所有的关键帧顺序反相。

2. 制作粉笔

01 打开"库"设计面板，创建名为pen的"影片剪辑"元件，然后单击 **确定** 按钮，进入元件编辑区，如图3.6所示。

图3.6 "创建新元件"对话框

小贴士

在擦除并创建关键帧的过程中，应该注意均匀擦除，即每次擦除的笔画长度不应该相差太多，这样最后制作出的动画才是均匀的。另外，关键帧的数目由擦除文字的过程所决定，并没有严格的限制，但是决定了动画播放的连续性。

小贴士

在上面制作中，已经创建了一个逐帧动画了，但其效果还不能令人满意。这时，可以制作一只粉笔，使动画出现粉笔写字的效果。

02 进入元件编辑区后，选择工具箱中的"矩形工具"，然后将"矩形工具"的填充色设置为渐变填充，笔触颜色设为无，如图3.7所示。

03 选用"矩形工具"在场景上绘制一个矩形，如图3.8所示。

04 利用"选择工具"调整矩形的形状，得到如图3.9所示的效果。

05 单击 场景1 按钮，返回到场景中。

06 在时间轴上选择第2帧，将"库"中的"pen"元件拖曳到场景中，并调整其位置，使它在该笔画的末端，如图3.10所示。

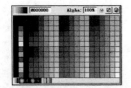

图3.7　颜色样本对话框　　图3.8　绘制矩形　　图3.9　调整矩形形状　　图3.10　书室拖动元件

07 依据步骤06的方法，在每个关键帧上都添加元件pen，使其在文字笔画的末端，这样便制作出了笔写字效果。至此，本例全部制作完成。

> **小贴士**
>
> 　　逐帧动画在每一关键帧附近的帧改变都只有很小的差别，插入关键帧就是把前一帧的内容复制到当前位置，所以，只要将前一帧做细小的改动，就可以得到当前帧的内容。如此连续一点一点地改动，当把所有的帧连续播放的时候便形成了动画。
>
> 　　不难看出，对关键帧的操作是制作本例的关键。将每一帧中的文字都逐渐擦除一点，这样在动画播放时便会出现像手写字的动画效果。在制作本例时，应该注意以下两个方面的问题。
>
> 　　(1) 在擦除并创建关键帧的过程中，要均匀地擦除。每次擦除笔画的长度都差不多，才可以保证动画播放时文字书写是均匀的。
>
> 　　(2) 如果制作的动画是放在网页上，则不提倡大量使用逐帧形式的Flash动画。因为逐帧动画中记录了每一帧动画的全部内容，它所输出的文件将比相同时间的渐变动画大得多，不利于在网上传输。

案例二 ┃ 镂空字效果

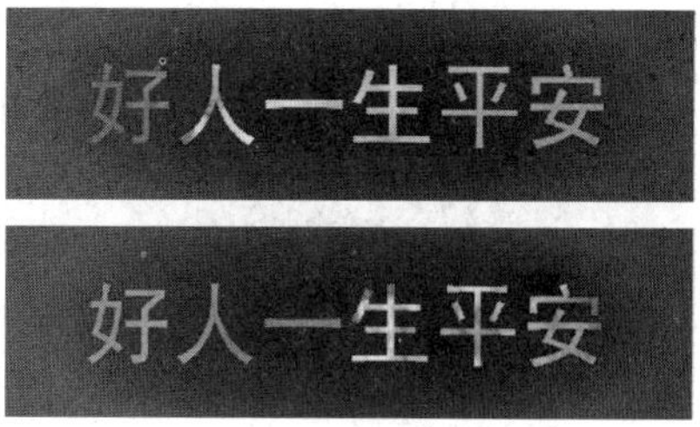

图3.11 效果图

■ **案例目标**　　制作"镂空字"动画,实例效果如图3.11(光盘\素材\单元三\案例二\镂空字效果.swf)所示。

■ **案例说明**　　本实例制作的文字特效是镂空字。所谓镂空字,就是文字部分是透明的,透过它可以看到下一层的内容,而下一层的内容经常是用一些移动的图片或动画来生成动感的背景效果。

■ **技术要点**
- 文本的操作。
- 引导层的应用。

▢ 实现步骤

1. 制作镂空的文字底板

01 新建一个Flash文档,并修改文档属性,如图3.12所示。

02 选择"矩形工具" ▢,在"选项"区中设置笔触颜色为无,填充色为黑色到蓝色的放射状渐变色,如图3.13所示。

03 在场景中绘制一个与文档同等大小,即550像素×150像素的矩形作为底板,然后选择"渐变变形工具" ▢,单击该矩形,显示填充变形框,通过拖动各控制点调整其填充方向,如图3.14所示。

图3.12 修改文档属性

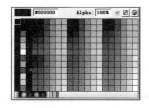

图3.13 设置笔触与填充色

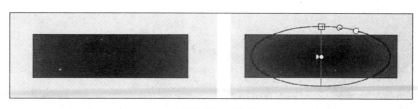

图3.14 绘制矩形并调整填充方向

04 选择"文本工具" T,选择天蓝色(#6699FF),黑体70号字,在矩形中间输入"好人一生平安"6个字,如图3.15所示。

05 选中文字并按两次Ctrl+B组合键,将它们打散为图形。此时,使用"选择工具" ▶ 将矩形和文字部分全部框选住,可看到打散后的文字与同样是图形的矩形融合在一起,如图3.16所示。

06 按住Shift键，用鼠标逐个单击组成文字的每一部分，选中它们，然后按Delete键将它们删除掉。此时，渐变色的底板已经被镂空，如图3.17所示。

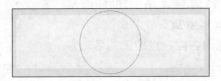

图3.15　输入文字　　　　图3.16　文本与矩形融合在一起　　　图3.17　镂空的文字底板

2. 设置图片运动效果

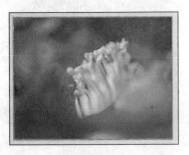

图3.18　导入用作底部动画的图片

01 单击"时间轴"面板左下角的"新建图层"按钮 □，新建一个图层，执行"文件/导入"命令，导入一幅要用作底部动画的图片"花.jpg"，如3.18所示。

02 选中图片并按F8键，将其转换为图形元件，然后在该层的第30帧按F6键，插入关键帧。这样就可以让它在指定的帧数里做运动渐变动画。

03 先将其他图层隐藏并锁定，然后单击"时间轴"面板中的 按钮，在图片所在层的上面增加一个"引导层"。再按住Shift键，使用椭圆工具绘制一个正圆形，并删除其填充色，只保留圆的轮廓线，如图3.19所示。

04 使用"选择工具" 选中圆形轨迹的一小段，并按Delete键删除，这样圆形轨迹上便开了一个小缺口，如图3.20所示。

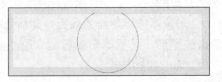

图3.19　绘制圆形轨迹　　　　　图3.20　在导线上制作缺口

图3.21　将图片中心捕捉到端点上

05 显示并解除锁图片层，在该层第1帧和第30帧中，分别将图片的中心捕捉拖动到圆形轨迹的缺口的两个端点上，如图3.21所示。并在第1帧到第30帧之间创建补间动画，然后在底板层的第30帧按F5键插入帧。

06 拖动底板层到图片层的下方，执行"控制/测试影片"命令，即可透过文字镂空的部分看到图片绕圆运动的动画效果。

07 执行"文件/保存"命令，保存文件。

┌─ **小贴士** ─────────────────────────────────┐

　　引导层是Flash动画中的另外一个特殊图层，利用引导层进行动画制作是Flash动画制作中的一种基本设计方法，但同时也是一个很重要的方法，希望读者能通过本实例所介绍的制作过程熟悉并掌握引导层的基本使用方法。

　　在本例中，背景图沿着引导层中绘制的引导线运动，在对象的移动过程中，引导层中的引导曲线并不在最终的动画中显示出来，它只用来引导对象移动。

└───┘

案例三　爆炸字效果

图3.22　爆炸字效果

■ **案例目标**　　制作"爆炸字效果"动画，实例效果如图3.22（光盘\素材\单元三\案例三\爆炸字效果.swf）所示。

■ **案例说明**　　本实例制作的是爆炸字特效，主要是通过将文字分割成若干部分，然后在它们之间建立运动过渡来实现的。

■ **技术要点**　　● 文本的基本操作。

实现步骤

1. 制作基础对象

01 执行"文件"/"新建"命令，新建一个文档。再执行"修改"/"文档"命令，打开"文档属性"对话框，将文档大小设置为550像素×300像素，背景色为黑色，其他参数不变，然后单击"确定"按钮，如图3.23所示。

02 选择"文本工具" **T**，打开"属性"面板设置合适的文字属性，如图3.24所示，并在场景中输入要用于爆炸效果的文字"爆炸字动画"。

03 执行"修改"/"分离"命令，将文字分离为单个的文本块。然后使用"选择工具" ▶ 分别选中各文字，并按F8键，将它们一一转换为图形元件，如图3.25所示。

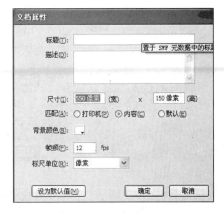

图3.23　设置文档属性

图3.24　设置文字属性

04 选中所有文字，执行"编辑"/"复制"命令，然后单击"时间轴"面板中的"新建图层"按钮，新建一个"图层2"。

05 单击"图层2"的第1帧，执行"编辑"/"粘贴到当前位置"命令，将复制的文字粘贴到原处。最后按两次Ctrl+B组合键将它们打散为填充区域，如图3.26所示。

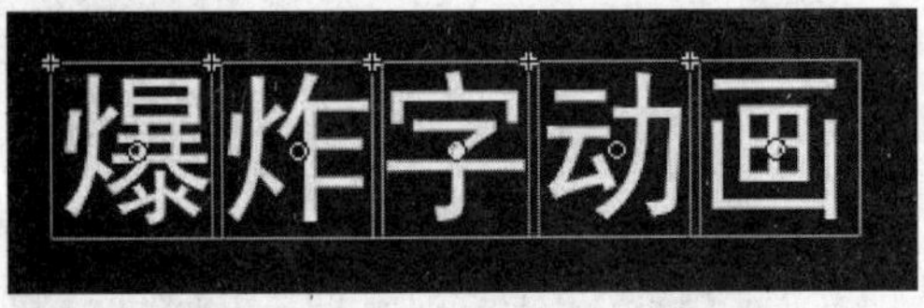

图3.25　将文字——转换为图形元件 　　　　　　　　图3.26　将复制的文字打散

06 选择"铅笔工具"，在"属性"面板中设置笔触样式为"极细"，笔触颜色只要能与文字区分即可，然后将这几个字用线条切割成若干部分，如图3.27 所示。

图3.27　设置铅笔属性并切割文字

07 使用"选择工具"，依次选取"爆"字被线条切割成的部分，并按F8键分别转换为图形元件，依次命名为："爆1"、"爆2"、"爆3"、"爆4"、"爆5"、"爆6"。转换好的"爆"字如图3.28所示，它由6个元件组成。

因为被线条切割成的文字的同一部分中笔画不一定相互连接，所以选择时要按下Shift键来选取，直到这一部分中所有的小形体都被选中。

08 同理，对其余文字做同样的处理，使所有文字都变成元件的组合，然后选择"橡皮擦工具"，在"选项"区设置橡皮擦模式为"擦除线条"模式，再选择大一点的形态，将所有线条都清除掉，如图3.29所示。

图3.28 将"爆"字的各部分转换为图形元件

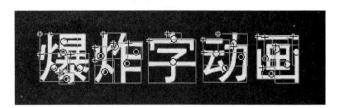
图3.29 将所有文字都变成元件的组合并擦除线条

09 接下来要将每个字的每一个碎片放在一层中，以便分别控制它们的运动。选中组成"爆"字的所有部分，执行"修改"/"分散到图层"命令，则"爆"字的组成部分被分放在不同的层中，如图3.30所示。

图3.30 将碎片分放在不同层

2. 制作爆炸效果

01 先来制作"爆"字的爆炸过程。按住Shift键，将这5层的第1帧全部选中，并使用鼠标拖至第6帧，然后在这5层的第10～14帧之间，第一层任选一帧按F6键插入关键帧，如图3.31所示。这样做是为了在爆炸时使每一个文字碎片都具有不同的飞行速度，从而更好地模拟较为真实的爆炸效果。

02 在每一层新插入的关键帧里，将文字碎片用鼠标分别向各个方向拖到场景外，有的远一些，有的稍近一些。然后在"属性"面板中，依次将这5个层的第6帧的"补间"设置为"动作"，生成运动渐变，再把"旋转"选项设置为"顺时针"或"逆时针"，次数为1到5次不等。如图3.32所示的"爆"字其中一个碎片层"爆2"的帧的属性设置。

03 在最下面的"图层1"的第6帧按F6键插入关键帧，并把"爆"字删除掉，这样做是为了让完整的"爆"字保持到第6帧再爆炸，此时的时间轴如图3.33所示。

图3.31 随机插入关键帧

图3.32 设置"爆2"帧的属性

图3.33 "时间轴"面板

04 其他文字也是同样处理，即把每一个文字碎片单独放一层。因为每一个文字的爆炸起始时间不同，所以分别将每个文字依次推后几帧插入关键帧，如图3.34所示，"炸"字比"爆"字延迟6帧的时间。

05 此外，在最下面的"图层1"中，还应分别在每一个文字的爆炸起始帧插入关键帧，并把相应的文字删除，这样就会出现每个文字依次爆炸的效果。"图层1"的时间轴如图3.35所示。

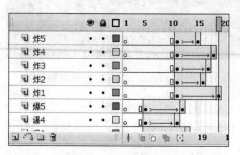

图3.34 将各文字爆炸起始帧依次推后6帧

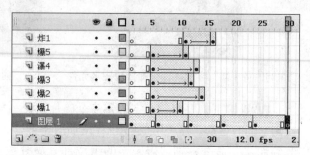

图3.35 "图层1"的时间轴

06 执行"控制"/"测试影片"命令，测试动画效果。

07 执行"文件"/"保存"命令，保存文件。

小贴士

目前见到的一些Flash中的爆炸效果，很多都是应用大量的AS或者粒子技术模拟出来的，对于不是很熟悉AS的朋友来说，确实很难理解和学习。不过本实例没有使用任何AS来模拟出文字的爆炸效果，其逼真程度一定不亚于用AS模拟出来的效果。

案例四 ┃ 风吹字效果

图3.36 风吹字的效果

▌案例目标 制作"风吹字"效果动画，实例效果如图3.36（光盘\素材\单元三\案例四\风吹字效果.swf）所示。

▌案例说明 本例将制作一串文字在风中舞动的效果。播放动画时，将看到文字从左至右、由近及远、由实到虚依次飘动，如同被风吹起一般。该动画主要通过在不同层中放置不同的文字，然后让各层中的文字产生渐变动画，再通过改变其位置和透明度的方法来实现从左至右、由近及远、由实到虚的变化效果。

▌技术要点 ● 文本的基本操作。
● 透明度的变化。

实现步骤

1．创建元件

01 新建一个Flash文件。

02 在场景中的任意位置右击，在弹出的快捷菜单中选择"文档属性"命令，将弹出"文档属性"对话框，设置背景颜色为#99CC99，其他保持默认设置，如图3.37所示。

03 执行"插入"/"新建元件"命令，系统弹出"创建新元件"对话框，在对话框的"名称"文本框中输入元件的名称"随"，在"类型"选项中选中"图形"单选按钮，然后单击 确定 按钮，进入元件编辑区，如图3.38所示。

图3.37 "文档属性"对话框

04 进入元件编辑区后，在工具箱中选择"文本工具" **T**，然后执行"窗口"/"属性"命令，打开"属性"面板，将文字字体设置为"华文隶书"，文字大小为36，字体颜色为白色，如图3.39所示。

图3.38 "创建新元件"对话框

图3.39 文字属性

05 使用文字工具在元件编辑区中输入文字"随"，并让该文字"居中"，如图3.40所示。

06 使用类似的方法，分别制作元件"风"、"飘"和"落"。

07 元件制作完成后，按下Ctrl+L组合键，打开"库"窗口。这时可以看到刚刚制作好的4个元件已经在库中了，如图3.41所示。

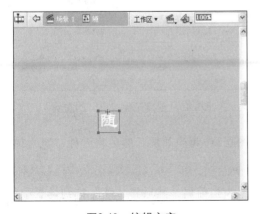

图3.40 编辑文字

图3.41 "库"窗口

2. 创建图层

01 在时间栏左侧的图层控制区中单击"新建图层"按钮 ，为该Flash文件增加一个新的图层，如图3.42所示。

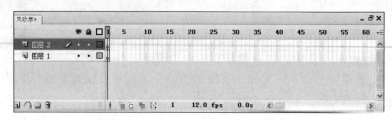

图3.42 添加图层

02 依照上一步的方法，为该Flash文件再添加两个图层，如图3.43所示。

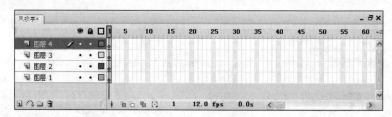

图3.43 再次添加图层

03 选择图层1，然后将"库"窗口中的元件"随"拖放到场景中，如图3.44所示。

04 选择图层2，将元件"风"拖到场景中，如图3.45所示。

图3.44 创建元件"随"的实例

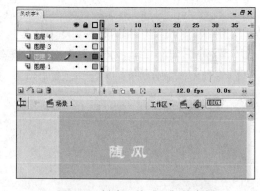

图3.45 创建元件"风"的实例

05 依照上面的方法，将图层3作为当前层，然后将元件"飘"拖到场景中。

06 选择图层4，将图层4作为当前层，然后将"落"拖到场景中，此时时间轴的状态如图3.46所示。

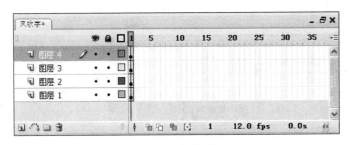

图3.46 时间轴

3．编辑图层中关键帧的状态

01 选中场景中的所有文字，选择"窗口"/"对齐"命令，打开"对齐"面板，如图3.47所示。分别单击面板底部的"排列"按钮和"水平平均间隔"按钮，将文字水平对齐并将元件按相同间隔放置，如图3.48所示。

图3.47 "对齐"面板

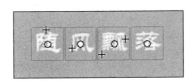

图3.48 对齐文字

> **小贴士**
>
> "对齐"面板是用来排列场景中对象的工具，可以使用"对齐"面板对场景中的对象进行规范化的排列。

02 选择图层，分别在该图层的第5帧和第15帧处右击，在弹出的快捷菜单中选择"插入关键帧"命令，如图3.49所示，分别在这两帧处插入关键帧。

03 选中第15帧，然后在场景中选中文字"随"，将其向右上方移动一段距离，如图3.50所示。

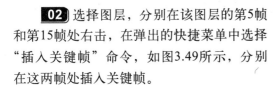

图3.49 插入关键帧

04 执行"修改"/"变形"/"缩放与旋转"命令，打开"缩放与旋转"面板，将"旋转"设为180度，然后单击 确定 按钮，如图3.51所示。

05 执行"窗口"/"信息"命令打开"信息"面板，输入文字的坐标为（222，65），这样便于在后面统一其他文字的高度，如图3.52所示。

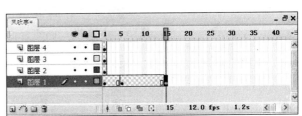

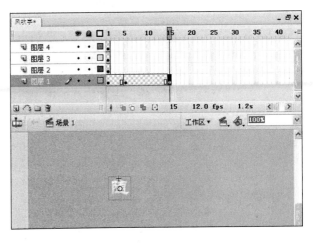

图3.50 移动文字

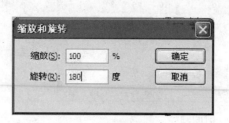

图3.51 缩放和旋转

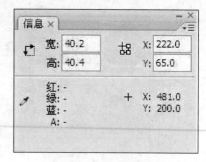

图3.52 "信息"面板

06 选中图层1的第15帧，在场景中选择文字"随"，然后执行"窗口"/"属性"命令，打开"属性"面板，将其透明度值设为0，如图3.53所示。

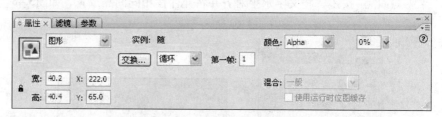

图3.53 图形元件"属性"面板

4. 创建动画

01 在第5帧和第15帧之间选择任意一帧，然后右击，在弹出的快捷菜单中选择"创建补间动画"命令创建补间动画，如图3.54所示。

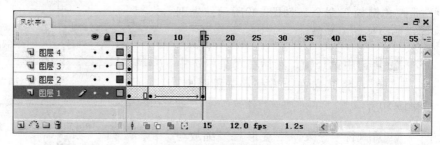

图3.54 创建补间动画

02 在其他图层上设置关键帧并创建补间动画。

依照上述步骤在其他三个图层上设置关键帧并创建补间动画。设计时，将其他三个文字运动的终点位置都设置为与"随"字一样的终点坐标。另外，在制作其他几个文字的动画时，注意每个图层中动画的起点都要相隔几帧，这样在动画播放的时候，几个文字对象会依次产生动画效果，犹如被风吹一样，如图3.55所示。

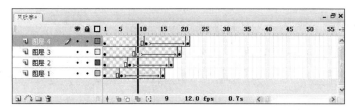

图3.55　时间轴

03 至此，本案例制作完毕，完成后的效果如图3.56所示。

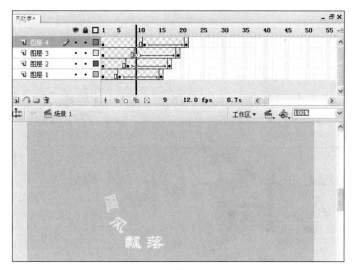

图3.56　效果预览

小贴士

　　本例为包含多个图层的Flash动画，展示了一组文字随风飘动的动画效果。该实例中共用到4个图层，在不同图层中放置了不同的对象，对于每一个图层中的对象都单独创建了动画，让各个对象在各自的图层中相对独立。随后，对这几个图层中的动画在播放时间上进行设置，使之按照一定的先后顺序进行播放，这样便可以制作出犹如风吹一般的效果。

　　在本例的制作中，应该注意两个方面的问题。

　　(1) 对图层的操作。图层是Flash中一个非常重要的元素，应该熟练掌握其基本操作，如添加层、删除层以及改变层的属性等。

　　(2) 每一个图层中所制作的动画相对来说都是独立存在的，要在这些动画之间建立联系，就需要合理设置各动画的发生时间。例如，在本实例中，各个文字对象在产生动画的时间上是不一致的，这时可以让后发生动画的对象在图层上与前一个动画相隔几帧。

单元小结

本单元通过4个实例学习Flash CS3在文字特效方面的实现方法。文字的效果就是应用几层文字不同状态的叠加以及动画开始时间的不同来体现文字的变化。掌握了以上的要点，读者经过自己的创造一定能制作出更精彩的动画。

单元实训

实训一 飞行字效果

【实训要求】

利用前面学习过的特效字的制作方法，运用所学的知识制作"飞行字"效果。参考范例：光盘\素材\单元三\实训一\飞行字效果.swf。图3.57所示为效果图。

图3.57 效果图

【技术要点】

先输入文字，然后分离成单个文字，再使用补间动画——制作文字由大到小、由透明到不透明变化的动画。

【实训评价】

表3.1 项目评价表

检查内容	评分标准	分值	学生自评	老师评估
透明效果	是否实现了文字由透明到不透明的变化	30		
大小的变化	是否实现了文字由大到小的变化	30		
总体效果	动画是否流畅，时间把握是否准确	40		

实训二 光线字效果

【实训要求】

利用前面学习过的特效字的制作方法，运用所学的知识制作"光线字"效果。参考范例：光盘\素材\单元三\实训二\光线字效果.swf。图3.58所示为效果图。

图3.58 效果图

【技术要点】

本实训主要应用了透明度的变化来实现光线的效果，主要用到"线性填充"，"填充变形工具"和"补间动画"等制作。

【实训评价】

表3.2 项目评价表

检查内容	评分标准	分值	学生自评	老师评估
绘画效果	制作的光线是否逼真，是否美观	30		
光线过渡动画	光线过渡动画是否符合动画规律	30		
总体效果	动画是否流畅，时间把握是否准确	40		

读书笔记

4

单元四　遮罩动画

单元导读

　　本单元的案例围绕着网络常见的遮罩效果来展开，包括汽车过光效果、卷轴效果、水波效果、卡拉OK字幕效果等。案例的遮罩效果可以用在广告片制作、MTV制作、动画特效制作等方面。如果将遮罩层比作聚光灯，那么当遮罩层移动时，它下面被遮罩的对象就像被灯光扫过一样，被灯光扫过的地方清晰可见，没有被灯光扫过的地方将不可见。另外，一个遮罩层可以同时遮罩几个图层，从而产生出各种特殊的效果。

技能目标

● 掌握遮罩层的应用。

案例一 聚光灯效果

图4.1 聚光灯效果

案例目标 制作"聚光灯"效果动画，实例效果如图4.1（光盘\素材\单元四\案例一\聚光灯效果.swf）所示。

案例说明 本例将使用遮罩层来实现聚光灯的效果。开始时，被遮罩的图层是不可见的，只有当遮罩层上的图形移动到被遮罩的图层上时，该图层上的图形才可见。使用遮罩层可以在被遮罩的图层上产生镂空显示效果。

技术要点 ● 遮罩层的应用。

实现步骤

1．制作元件

01 新建一个Flash文件。

02 执行"修改"/"文档"命令，打开"文档属性"对话框，将影片的背景色设为黑色，然后单击 确定 按钮，如图4.2所示。

03 在工具箱中选择文本工具，然后执行"窗口"/"属性"命令，打开"属性"面板。

04 在"属性"面板中，将文字的字体设置为Georgia，字体大小为40，如图4.3所示。

图4.2 "文档属性"对话框

图4.3 文字"属性"面板

05 使用文本工具在图层1中输入文字Macromedia Flash CS，如图4.4所示。

06 执行"插入"/"新建元件"命令，打开"创建新元件"对话框。

07 在"创建新元件"对话框中的"名称"文本框中输入元件的名称ball，在"行为"选项中选择"图形"单选按钮，如图4.5所示，单击

 铵钮进入元件编辑区。

图4.4　创建文字　　　　　　　图4.5　创建"ball"元件

08 在工具箱中选择"椭圆工具" 🔍，填充色设置为白色，笔触颜色设置为无，如图4.6所示。

图4.6　设置椭圆属性

09 接着在元件编辑区中绘制一个圆形，并将其拖到元件编辑区的中间，如图4.7所示。

10 执行"编辑"/"编辑文档"命令退出元件编辑区，返回到影片场景中。

2．创建遮罩层与被遮罩层

01 执行"插入"/"图层"命令，为该影片新建一个图层，如图4.8所示。

02 选择图层2为当前层，在层控制区上右击，在弹出的快捷菜单中选择"遮罩层"命令，将图层2定义为遮罩层，如图4.9所示。

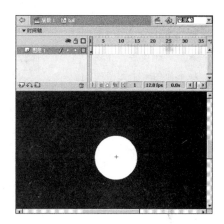

图4.7　绘制圆

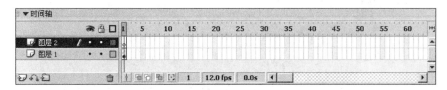

图4.8　插入新图层

3．编辑遮罩层和被遮罩层

01 执行"窗口"/"库"命令，打开"库"窗口。

02 选择图层2中的第1帧，将"库"窗口中的元件ball拖到场景中，并将元件ball定位到场景中文字对象的左侧，如图4.12所示。

在把某一图层设置为遮罩层的时候，除了按照上面的步骤进行操作外，还可以在该层上右击，在弹出的快捷菜单中选择"属性"命令，打开"图层属性"对话框，如图4.10所示。在这个窗口中，可以设置层的属性，例如层的显示状态、锁定状态以及图层的类型等，这里选择"遮罩层"选项。选择了"遮罩层"选项后，该图层下面的一个图层将自动被设置为被遮罩层。修改属性后的图层状态如图4.11所示。

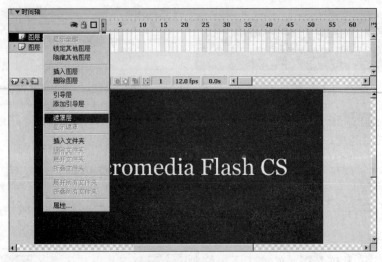

图4.9 创建遮罩层

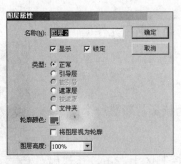

图4.10 "图层属性"对话框

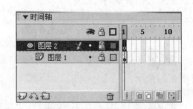

图4.11 创建遮罩层

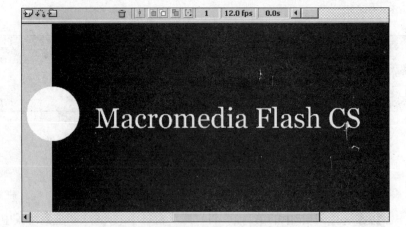

图4.12 应用"ball"实例

请注意：在把图层2改变为遮罩层后，系统将自动把遮罩层和被遮罩层锁定。如果需要修改这两个图层中的内容，就需要解除锁定，其操作方法是单击这两个图层中的锁形图标，这样两个图层都处于可编辑状态。

03 选择图层1的第40帧，然后执行"插入"/"关键帧"命令，在该层的第40帧处插入一个关键帧，如图4.13所示。

04 在图层2的第20帧和第40帧处分别右击，在快捷菜单中选择"插入关键帧"命令，在第20帧和第40帧处分别插入一个关键帧，如图4.14所示。

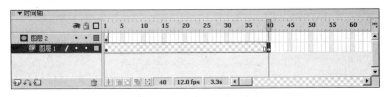

图4.13　插入关键帧

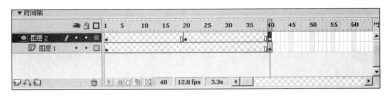

图4.14　插入关键帧

05 选择图层2中的第20帧，将场景中的圆形元件从文字对象的左侧拖动到文字对象的右侧。在拖动元件的时候注意按住Shift键，这样元件就会按直线移动。拖动后场景中的状态如图4.15所示。

图4.15　修改关键帧

4．创建动画

01 在图层2的第1帧到第20帧之间任意选择一帧，然后执行"窗口"/"属性"命令，打开"属性"面板，将动画类型设置成为"动作"，其他保持为默认值，如图4.16所示。

图4.16　"属性"面板

02 按照类似的方法，再在第20帧到第40帧之间任意选择一帧，在"属性"面板中将动画类型设置为"动作"。这时时间轴的状态改变成为如图4.17所示的状态。

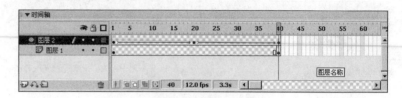

图4.17 时间轴状态

5. 设置遮罩效果

01 执行"插入"/"图层"命令，新建一个图层，默认命名为"图层3"，如图4.18所示。

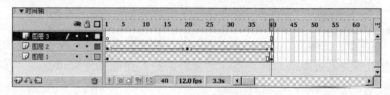

图4.18 创建新图层

02 选择图层1中的文字对象，执行"编辑"/"复制帧"命令，将文字对象复制到剪贴板中。

03 选择图层3，执行"编辑"/"粘贴帧"命令，将刚刚复制到剪贴板中的文字对象粘贴到场景中。

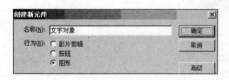

图4.19 "转换为元件"对话框

04 选择图层3中的文字对象，执行"插入"/"转换成元件"命令，打开"转换为元件"对话框。在对话框中的"名称"文本框中输入元件的名称"文字对象"，在"行为"选项中选择"图形"单选按钮，如图4.19所示，将新建文字对象转换为元件。

05 在场景中选中元件"文字对象"，在"属性"面板中将该元件的透明度设置为30%，如图4.20所示。

06 执行"窗口"/"信息"命令，打开"信息"面板。

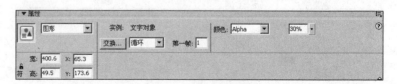

图4.20 "属性"面板

07 在场景中选择图层1中的文字对象，这时文字的坐标位置将显示在"信息"面板中，如图4.21所示，记录下该坐标位置。

08 选择图层3中的对象，使用信息面板将图层3中的图形元件与图层1中的文字设置为相同的坐标位置，使二者完全重合。

09 单击控制栏上的锁形工具，将图层1和图层2锁定，如图4.22所示。

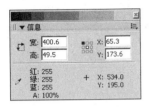

图4.21　"信息"面板

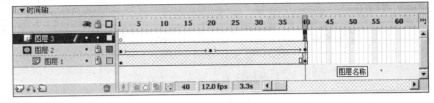

图4.22　锁定图层

10 按下Ctrl+Enter组合键即可观看到遮罩效果，如图4.23所示。

图4.23　遮罩效果

拓展提高

　　本实例介绍一个聚光灯效果的Flash动画制作过程。在该实例中使用了一个特殊的图层：遮罩层。它的作用是用某一特殊的图层（遮罩层）来屏蔽其下面的被遮罩层的显示状态。然而，遮罩层并不是完全屏蔽被遮罩层中的对象，当遮罩层中有编辑的对象存在时，在播放动画时将在这些对象的位置上产生显示孔，通过这些遮罩层上的显示孔，可能看到下面被遮罩层中的对象。利用遮罩层的这一特点，可以制作出聚光灯照过的效果的动画。

　　另外，一个遮罩层可以与位于其后的若干个连续的相邻图层建立遮罩与被遮罩的关系，只有建立了遮罩与被遮罩的关系的编辑层才会受到遮罩层的影响。可以建立的相关的操作主要有以下几个方面。

　　（1）在遮罩层或已建立了遮罩关系的编辑层下面相邻的一个编辑层上，选中其"属性"对话框中的"已遮蔽"选项，可以为其与上面的遮罩层建立遮罩关系。

　　（2）将普通编辑层拖曳至某一建立了遮罩关系的被遮罩层上面，被移动的层将被改变为被遮罩层。

　　（3）将被遮罩层作为当前层，然后在该层上添加一个新层，添加的新层将被视为被遮罩层。

案例二 汽车过光效果

■ 案例目标　制作"汽车过光"效果动画，实例效果如图4.24（光盘\素材\单元四\案例四\汽车过光.swf）所示。

■ 案例说明　在平时看广告时，汽车广告无疑是非常吸引人眼球的，其中的过光效果完全可以用遮罩层制作出来。

图4.24　汽车过光效果

■ 技术要点　● 遮罩层的应用。

⬚ 实现步骤

1．制作遮罩层

01 新建Flash文档，设置文档的大小为410像素×166像素，背景色为白色，帧频为30，如图4.25所示。

02 执行"文件"/"导入"/"导入到舞台"命令，把图片"汽车"导入到舞台并调整图片的位置与场景重合（X、Y坐标均为0），如图4.26所示。

图4.25　设置"文档属性"

图4.26　导入图片到舞台并调整位置

03 把"图层1"命名为"汽车",并在它的上面新建"图层2"且命名为"遮罩层",使用绘图工具在"遮罩层"的第1帧处绘制出汽车的反光部分形状,如图4.27所示。

图4.27　时间轴、汽车反光部分形状

2. 设置遮罩层,制作过光效果

01 在图层"汽车"上方新建图层并命名为"被遮罩层"。在该图层上绘制一个白色线性渐变的矩形,然后把它转换为图形元件并放在场景的左侧,如图4.28所示。

图4.28　时间轴、绘制的矩形元件

02 分别在图层"汽车"、"遮罩层"第50帧处按F5键插入帧,在图层"被遮罩层"的第50帧处按F6键插入关键帧,同时把矩形元件水平移至场景的右侧,并在第1帧与第50帧之间创建补间动画,如图4.29所示。

图4.29　时间轴及场景

03 在层控制区上单击鼠标右键,在弹出的快捷菜单中选择"遮罩

拓展提高

使用绘图工具制作遮罩层，遮罩层的形状恰好是汽车要过光的部分的形状，使用白色渐变来制作"光"并设置为被遮罩层，最后让光快速移动即可。

层"命令，把图层"遮罩层"设为遮罩层，在图层"汽车"的第60帧处按F5键插入帧，汽车过光效果制作完成，时间轴如图4.30所示。

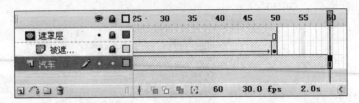

图4.30 制作完成后的时间轴状态

案例三 卷轴效果

■ **案例目标**　　制作"卷轴"效果动画，实例效果如图4.31（光盘\素材\单元四\案例三\卷轴效果.swf）所示。

■ **案例说明**　　过年时在门上贴对联是我们中国人的传统，红红的对联透出过年的喜悦气氛。现在媒体上的很多贺卡都使用了对联徐徐展开的效果。

■ **技术要点**　　● 遮罩层的应用。

图4.31 卷轴效果图

🔲 实现步骤

1. 制作画轴

01 新建Flash文档，文档属性为默认。

02 选择矩形工具，绘制一个无边框的、填充色为黑色的矩形，大小如图4.32所示。

03 选中矩形，按Shift＋F9组合键，填充类型设置为"线性"，在两个色标的中间位置单击增加一个色标，并且把两旁的色标颜色设置为深黄色，中间的色标颜色设置为亮黄色，如图4.33所示。

04 选中矩形，执行"修改"/"变形"/"逆时针旋转90度"命令，旋转

图4.32 矩形

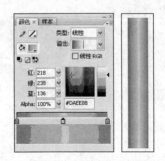

图4.33 矩形颜色设置

矩形后，用鼠标左键选中矩形同时按住Ctrl键拖动，复制出两份，缩小
并放置在大矩形的两端组成画轴，如图4.34所示。

图4.34　旋转后的矩形及组成后的画轴　　　　图4.35　把画轴转化为图形元件

05 选中画轴，按F8键将其转化为图形元件，命名为"画轴"，如
图4.35所示。把画轴拖至场景的中上方，修改当前图层名为"上卷轴"，
并在时间轴第100帧处按F5键延长帧至100帧，如图4.36所示。

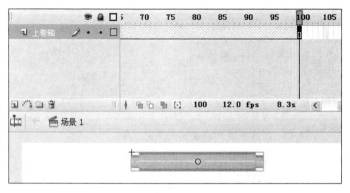

图4.36　修改后的图层及时间轴

图4.37　拖入元件"画轴"放在
"上卷轴"的正下方

2．卷轴移动

01 插入新图层，命名为"下卷
轴"，拖入元件"画轴"到图层中放在"上
卷轴"的正下方，如图4.37所示。

02 选中"下卷轴"图层，在第
100帧处插入关键帧，移动下卷轴一定
距离，设置补间动画，并将缓动值设
为-100，以实现卷轴的加速下落，如
图4.38所示。

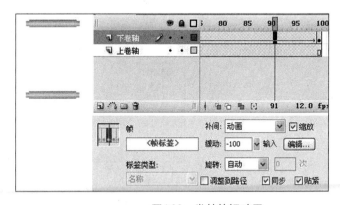

图4.38　卷轴补间动画

3．画布制作

01 插入新图层，命名为word，此层为被遮罩层。在第1帧处画一
个宽和卷轴主体部分一样，高度为两个卷轴之间的高度差的无边框的灰
色矩形，然后写上字体为"华文行楷"，字号为36的黑色加粗文字"中
国科学出版社"，如图4.39所示。

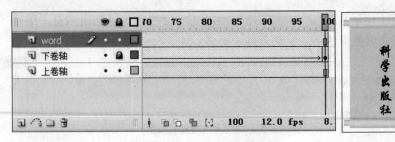

图4.39 时间轴及场景

02 插入新图层，命名为mask，此层为遮罩层。在第1帧处画一个宽和卷轴主体部分一样的黑色矩形，如图4.40所示。

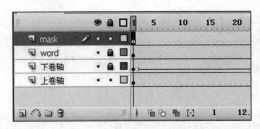

图4.40 新建图层mask及绘制黑色矩形

03 选中图层mask，在第100帧处按F6键插入关键帧，把矩形的高度设为两个卷轴之间的高度差。单击第一帧，在属性面板中设置补间类型为"形状"，并设置缓动值为-100，最后设置该层为遮罩层。

04 分别选中四个层的第120帧并按下F5键，延长帧至120帧处，如图4.41所示。

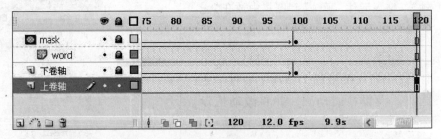

图4.41 时间轴状态

05 按Ctrl＋Enter组合键测试效果，然后保存文件。

拓展提高

经典的Flash卷轴展开动画，好像有点千篇一律。张艺谋大导演在2008年奥运会的开幕式上把展开画布作为振奋人心的开场篇目，并作为线索贯穿于整个开幕式当中，给国人乃至世界以深深的震撼。实际上可拓展一下，突破一下，制作类似的效果，详细的制作方法这里就不再一一介绍，留给读者去思考。

案例四 水波荡漾效果

■ 案例目标　　制作"水波荡漾"效果动画，实例效果如图4.42（光盘\素材\单元四\案例四\水波荡漾.swf）所示。

■ 案例说明　　本例介绍遮罩层在Flash动画设计中的应用。具体实例为水波荡漾的动画效果：对象在水波荡漾的时候若隐若现，并且它的透明度也不断发生变化。

图4.42　水波荡漾效果

■ 技术要点　　● 遮罩层的应用。

▢ 实现步骤

1. 创建元件

01 新建Flash文档，执行"修改"/"文档"命令，打开"文档属性"对话框，修改文档的大小，如图4.43所示。单击 确定 按钮进入场景。

02 按下F11键打开"库"面板，单击"新建元件"按钮，新建"图形"元件pic。执行"文件"/"导入"/"导入到库"命令，导入本案例准备好的图片，并将它拖曳到元件pic的编辑区。

03 新建"图形"元件"水面"，用"矩形工具"画一个没有轮廓的矩形。在"颜色"选项卡中设置矩形的填充色为"线性"，使它均匀地从淡蓝色过渡到黑色，如图4.44所示。然后打开"属性"面板，设置矩形的大小，如图4.45所示。

图4.43　设定"文档属性"

图4.44　"颜色"选项卡

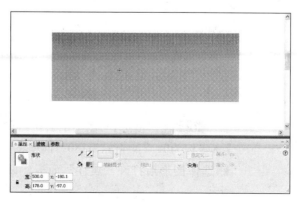

图4.45　绘制的矩形和其"属性"面板

04 新建"图形"元件"遮罩",用"矩形工具" 🔲 在编辑区绘制一些不带笔触色的矩形,如图4.46所示。

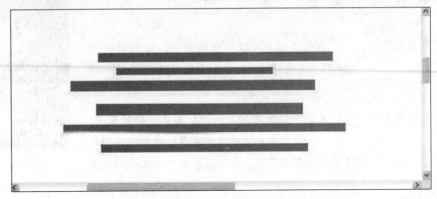

图4.46 绘制矩形

05 按下 🏠 场景1 按钮返回到影片场景。

2. 编辑场景

01 将"图层1"重命名为"倒影1",将"图形"元件pic拖曳到舞台,设置X坐标为0,Y坐标为178,然后执行"修改"/"变形"命令,将图形旋转180°,如图4.47所示。

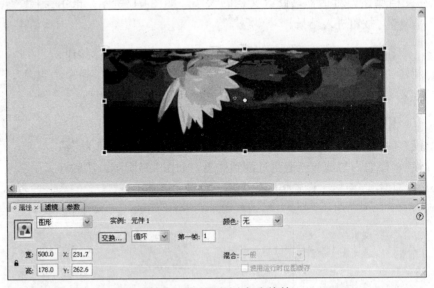

图4.47 设置图形坐标和旋转

02 在"倒影1"图层上新建图层"倒影2",按照步骤01的方法设置X坐标为0,Y的坐标为180,同样将其旋转180°。再利用"选择工具" 🔏 选择图形后打开"属性"面板,设置颜色的Alpha为50%,如图4.48所示。

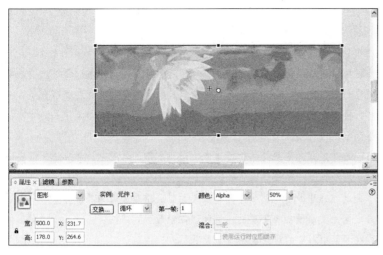

图4.48 设置坐标和透明度

03 在图层"倒影2"上新建图层"遮罩",把"图形"元件"遮罩"拖曳到舞台的上方。在时间轴的第40帧处插入关键帧,把图形拉到舞台的下方,然后在第1帧与第40帧之间创建补间动画,如图4.49所示。

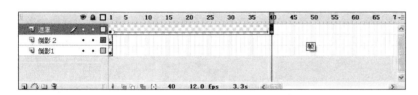

图4.49 "遮罩"图层时间轴

04 在"遮罩"图层上新建图层pic,把"图形"元件pic拖曳到舞台中,设置其X坐标为0,Y坐标也为0。

05 在图层pic上新建图层"水面",把"图形"元件"水面"拖曳到舞台中,设置其X坐标为0,Y坐标为178,并将其Alpha设置为30%。

06 在除了"遮罩"图层所有图层的40帧处插入帧,在图层"遮罩"上右击,把"遮罩"图层设置成"遮罩层",完成后时间轴如图4.50所示。

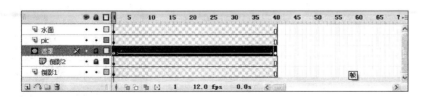

图4.50 时间轴状态

至此,本例动画创建完成,按下Ctrl+Enter组合键预览动画,即可看到水波荡漾的效果。

小贴士

　　本实例介绍了水纹效果动画的设计过程。动画中的图形在水波滚动的时候会很真实地出现涟漪，并且其透明度也不断变化。该实例进一步说明了遮罩层的用途。本实例在介绍遮罩层用法的同时，还运用了移动动画的设计方法。由此可见，一个复杂的Flah动画不是仅靠单一的动画形式就能完成，只有熟练掌握了各种动画的制作方法，并将它们有机融合，再加上自己的创新和构思，才能创作出优秀的Flash动画作品。

　　本例的设计过程中，要注意以下三个设计要点。

　　（1）遮罩层和被遮罩层的使用。遮罩效果的应用是本例的重点，通过本例的学习，读者应该能够熟练掌握遮罩层的使用方法，并能运用遮罩层制作山一些简单的动画效果。

　　（2）多个层的协调使用。在本例的制作中，不仅用到了遮罩层，而且还结合了普通层，作为一个多层的复杂动画，协调并处理好各个图层之间的关系是相当重要的。例如，位于最上面的图层，在场景中对应的对象也会位于最上面，最下面的图层在场景中对应的对象也会位于最下面。

　　（3）在本例的制作过程中，图层"倒影1"和"倒影2"的位置摆放是关键，"倒影2"要比"倒影1"的Y坐标多两个像素，这样在播放影片的时候才会有波纹的效果。

单元小结

　　本单元讲述了制作遮罩动画的方法和步骤，并通过4个案例对遮罩层在动画中的应用进行了详细的介绍。

单元实训

实训一　人物闪亮登场

【实训要求】

　　利用本单元所学的知识，制作动画"人物闪亮登场"。参考范例：光盘\素材\单元四\实训一\人物闪亮登场.swf。图4.51所示为效果图。

【技术要点】

　　该实训案例中，人物是局部闪烁着出现的，故应使用到动态遮罩动画来实现。

图4.51　效果图

【实训评价】

表4.1　项目评价表

检查内容	评分标准	分值	学生自评	老师评估
遮罩动画	遮罩动画是否与效果相同	50		
动画的动感	动画是否流畅，时间把握是否恰当	30		
总体效果	动画的总体效果	20		

实训二　图片羽化切换

【实训要求】

利用本单元所学的知识，制作动画"图片羽化切换"。参考范例：光盘\素材\单元四\实训二\图片羽化切换.swf。图4.52所示为效果图。

图4.52　效果图

【技术要点】

该实训案例中，图片是逐步展现的，故应用遮罩动画来实现。另外，图片出现时图片的边缘是逐渐透明的，所以必须对遮罩层进行透明处理。

【实训评价】

表4.2　项目评价表

检查内容	评分标准	分值	学生自评	老师评估
遮罩动画	遮罩动画是否与效果相同	50		
动画的动感	动画是否流畅，时间把握是否恰当	30		
总体效果	动画的总体效果是否流畅	20		

实训三 卡拉OK双重字幕效果

【实训要求】

利用本单元所学的知识，制作卡拉OK双重字幕的效果。参考范例：光盘\素材\单元四\实训三\卡拉OK双重字幕.swf。图4.53所示为效果图。

图4.53 效果图

【技术要点】

在舞台上创建两个图层，分别输入相同文字但不同颜色的字幕。再插入一个新图层，制作形状补间动画，并设置该层为遮罩层，遮罩位于上方的文字从而形成卡拉OK字幕效果。

【实训评价】

表4.3 评价表

检查内容	评分标准	分值	学生自评	老师评估
遮罩动画	遮罩动画是否与效果相同	50		
动画的动感	动画是否流畅，时间把握是否恰当	30		
总体效果	动画的总体效果是否流畅	20		

5

单元五　引导路径动画

单元导读

本单元主要学习物体如何按照指定路径运动的制作方法，通过飞机起飞、飘落的树叶、圆弧运动、太阳系等动画制作，来掌握引导层的创建和应用方法，通过实现汽车上坡、下坡时速度的变化，来实现规则圆弧引导路径的创建等技术。

技能目标

- 掌握引导路径动画的制作方法与技巧。
- 学会应用引导路径动画来制作各种动画效果。

案例一 | 飞机起飞

图5.1 飞机起飞效果图

■ **案例目标** 制作"飞机起飞"动画，实例效果如图5.1（光盘\素材\单元五\案例一\飞机起飞.swf）所示。

■ **案例说明** 本案例学习飞机起飞的制作方法。情景为：飞机在跑道上缓慢启动，加速后离地飞上云霄。飞机在跑道上是直线运动，离地后是弧线运动，速度也越来越快。起飞的路径由引导层所决定。

■ **技术要点** ● 引导层的创建和运用。
● 引导线的创建和修改。

实现步骤

1．新建文件与保存

01 启动Flash CS3。

02 在启动界面选择新建选项中的 Flash 文件(ActionScript 3.0) 。

图5.2 导入素材

图5.3 新建"背景"元件

03 执行"文件"/"保存"命令，在弹出的"另存为"对话框中选择动画保存的位置，输入文件名称"飞机起飞"，然后单击"保存"按钮。

04 修改文档属性，宽为550像素，高为300像素。

2．导入素材和设置背景

01 执行"文件"/"导入"/"导入到库"命令，查找范围为：光盘\素材\单元五\案例一\，选择文件如图5.2所示。

02 按下Ctrl+F8组合键创建元件，元件名称为"背景"，类型为"图形"，如图5.3所示。

03 把库中的"蓝天白云"图片拖到舞台中。打开"对齐"面板，在"相对于舞台"选中的状态下，依次单击"水平居中对齐" 和"垂直居中对齐" 按钮。

04 单击 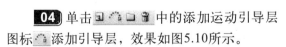 场景1返回场景。

05 双击文字"图层1",把"图层1"改为"背景"。

06 把库中的"背景"元件拖到舞台中,打开"属性"面板,修改元件的宽和高,如图5.4所示,并移到如图5.5所示的位置。

图5.4 "背景"的属性

图5.5 "背景"的位置

07 在"背景"图层的第45帧处按下F5键插入帧,并单击锁图标 🔒 下面的白点,锁住"背景"图层,如图5.6所示。

图5.6 "背景"图层时间轴效果

3.创建"小飞机"元件

01 按下Ctrl+F8组合键创建元件,元件名称为"小飞机",类型为"图形",如图5.7所示。

02 把库中的"飞机"图片拖到舞台中,打开"对齐"面板,在"相对于舞台"选中的状态下,依次单击"水平居中对齐" 品 和"垂直居中对齐" ⬓ 按钮。

图5.7 创建"小飞机"元件

4.制作飞机起飞

01 单击 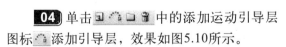 场景1返回场景。

02 单击 中的"新建图层"按钮 插入新图层2,把"图层2"改名为"飞机"。

03 单击"飞机"图层的第1帧,把库中的"小飞机"元件拖到场景中,在属性面板中修改宽和高,如图5.8所示,并移动到如图5.9所示的位置。

04 单击 中的添加运动引导层图标 🔄 添加引导层,效果如图5.10所示。

图5.8 "小飞机"参数 图5.9 "小飞机"的位置

05 单击工具箱中的"线条工具"按钮 ＼ ,设置"属性"面板中笔触颜色为黑色(#000000),高度为3,样式为实线,如图5.11所示。

图5.10　添加引导层后效果图　　图5.11　直线属性设置

06 单击"引导层"图层的第1帧，画出两条直线，如图5.12所示。

07 单击工具箱中的"选择工具"按钮，把"引导层"中的斜直线修改成弧线，效果如图5.13所示。

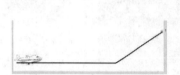

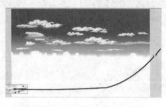

图5.12　引导线效果图　　图5.13　修改后的引导线

08 单击"引导层"图层锁图标下面的白点，锁住"引导层"图层。

09 单击工具箱的"选择工具"按钮，单击"飞机"图层的第1帧，把"小飞机"元件移动到引导线上端开始处，如图5.14所示。

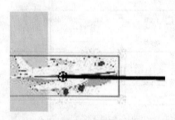

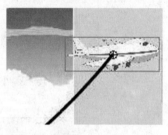

图5.14　第1帧"小飞机"位置　　图5.15　第45帧"小飞机"位置

10 在"飞机"图层的第45帧处按下F6键插入关键帧，把"小飞机"移到引导线的右末端处，效果如图5.15所示。

11 单击工具箱中的"任意变形工具"按钮，把第45帧处的"小飞机"旋转一定角度，让其与引导线平行，效果如图5.16所示。

12 单击第1帧，设置帧属性，补间类型设置为"动画"，缓动设置为-100，参数如图5.17所示。

13 按下Ctrl+Enter组合键，测试动画。

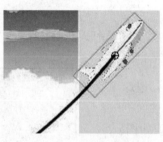

图5.16　修改后的"小飞机"　　图5.17　第1帧属性

案例二　飘落的树叶

图5.18　飘落的树叶效果图

■ **案例目标**　　制作"飘落的树叶"动画，实例效果如图5.18（光盘\素材\单元五\案例二\飘落的树叶.swf）所示。

■ **案例说明**　　本案例学习树叶按照指定路径从高而下旋转飘落的制作方法。情景为：树叶按照指定的路径，从树上旋转着飘落到地上。飘落的路径由引导层所决定。

■ **技术要点**　　● 旋转动画的制作。

　　　　　　　　● 引导层的创建和运用。

□ 实现步骤

1. 新建文件与保存

01 启动Flash CS3。

02 在启动界面选择新建选项中的 [Flash 文件(ActionScript 3.0)]。

03 执行"文件"/"保存"命令，在弹出的"另存为"对话框中选择动画保存的位置，输入文件名称"飘落的树叶"，然后单击"保存"按钮。

2. 导入素材和设置背景

01 执行"文件"/"导入"/"导入到库"命令，查找范围为：光盘\素材\单元五\案例二\，选择文件树木.gif和树叶.gif，如图5.19所示。

02 按下Ctrl+F8组合键创建元件，元件名称为"背景树木"，类型为"图形"，如图5.20所示。

03 把库中的"树木"图片拖到舞台中。打开"对齐"面板，在"相对于舞台"选中的状态下，依次单击"水平居中对齐" 品 和"垂直居中对齐" 區 按钮。

04 单击 [场景 1] 返回场景。

05 双击文字"图层1"，把"图层1"改为"背景"。

图5.19　导入素材

图5.20　新建"背景树木"元件

06 把库中的"背景树木"元件拖到舞台中,打开"属性"面板,修改元件的宽和高,如图5.22所示,并移到如图5.21所示的位置。

图5.21 "背景树木"的位置

图5.22 "背景树木"的属性

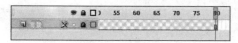

图5.23 "背景"图层效果

07 在"背景"图层的第80帧处按下F5键插入帧,并单击锁图标 🔒 下面的白点,锁住"背景"图层,效果如图5.23所示。

3.创建"落叶"元件

01 按下Ctrl+F8组合键创建元件,元件名称为"落叶",类型为"图形",如图5.24所示。

图5.24 创建"落叶"元件

02 把库中的"树叶"图片拖到舞台中,在"属性"面板中,设置宽和高,如图5.25所示。打开"对齐"面板,在"相对于舞台"选中的状态下,依次单击"水平居中对齐" 🔲 和"垂直居中对齐" 🔲 按钮。

图5.25 "树叶"宽、高及位置

4.创建"旋转的落叶"影片剪辑

01 按下Ctrl+F8组合键创建元件,元件名称为"旋转的落叶",类型为"影片剪辑",如图5.26所示。

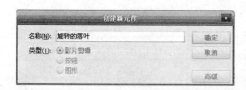

图5.26 新建"旋转的落叶"影片剪辑

02 把库中的"落叶"元件拖到舞台中,打开"对齐"面板,在"相对于舞台"选中的状态下,依次单击"水平居中对齐" 🔲 和"垂直居中对齐" 🔲 按钮。

03 在"图层1"的第30帧处按下F6键插入关键帧,单击第1帧,在帧"属性"面板设置该帧的属性,补间类型为"动画",旋转为"顺时针"、"1次"如图5.27所示。"图层1"时间轴效果如图5.28所示。

图5.27 第1帧属性设置

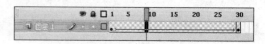

图5.28 "图层1"时间轴效果图

5．制作"飘落的树叶"

01 单击 ![场景1] 返回场景。

02 单击 ![图标] 中的 ![图标] 按钮插入新图层2，把"图层2"改名为"落叶1"。

图5.29 "旋转的落叶"的位置

图5.30 添加引导层后图层效果

03 单击"落叶1"图层的第1帧，把库中的"旋转的落叶"影片剪辑拖到场景中，移动到如图5.29所示的位置。

04 单击 ![图标] 中的添加运动引导层图标 ![图标] 添加引导层，效果如图5.30所示。

05 单击工具箱中的"铅笔工具"按钮 ![图标]，在工具箱底部的选项中设置铅笔模式为"平滑"，笔触颜

图5.31 铅笔属性设置

图5.32 引导线效果图

色为黑色（#000000），高度为5，样式为"实线"，"平滑"为50，如图5.31所示。

06 单击"引导层"图层的第1帧，画出一条曲线，如图5.32所示。

07 单击"引导层"图层锁图标 ![图标] 下面的白点，锁住"引导层"图层。

08 单击工具箱的"选择工具"按钮 ![图标]，单击"落叶1"图层的第1帧，把"旋转的落叶"元件移动到引导线上端开始处，如图5.33所示。

09 在"落叶1"图层的第60帧处按下F6键插入关键帧，把"旋转的落叶"移动到引导线的末端处，效果如图5.34所示。

图5.33 第1帧"旋转的落叶"位置

图5.34 第60帧"旋转的落叶"位置

10 在第1帧与第60帧之间任意一帧处右击，选择"创建补间动画"命令，在第61帧处右击，选择"插入空白关键帧"命令，并锁定图层，时间轴如图5.35所示。

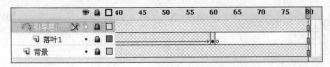

图5.35 "落叶1"图层时间轴效果图

11 单击"引导层"图层，再单击 中的 按钮插入新图层3，把"图层3"改名为"落叶2"。在该图层的第5帧处右击，选择"插入空白关键帧"命令，效果如图5.36所示。

12 单击"落叶2"图层的第5帧，把库中"旋转的落叶"元件拖到舞台中，并移动到如图5.37所示的位置。

图5.36 插入空白关键帧　　图5.37 第5帧"旋转的落叶"位置

13 参照第4步，添加引导层，在该引导层的第5帧处右击，选择"插入空白关键帧"命令。

14 参照步骤05至06，在"引导层"的第5帧处绘制一条蓝色的引导线，效果如图5.38所示。

15 参照步骤07至08，锁住引导层，在"落叶2"的第5帧处，把"旋转的落叶"移动到蓝色引导线的上端开始处，效果如图5.39所示。

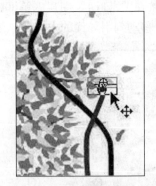

图5.38 "落叶2"引导线效果　　图5.39 第5帧"旋转的落叶"的位置

16 参照步骤09和步骤10，在"落叶2"图层的第65帧处按下F6键插入关键帧，把"旋转的落叶"移到蓝色引导线的末端，如图5.40所示。在第5帧与第65帧之间任意一帧处右击，选择"创建补间动画"命令，在第66帧处右击，选择"插入空白关键帧"命令，锁定该图层，时间轴效果如图5.41所示。

图5.40 第65帧"旋转的落叶"位置

图5.41 "落叶2"时间轴效果图

17 同理，参考步骤11~16，可制作"落叶3"、"落叶4"图层效果，时间差距为5帧，时间轴效果如图5.42所示。

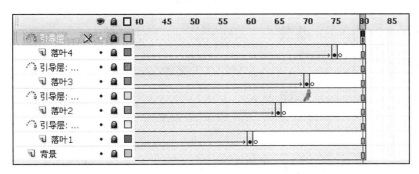

图5.42 时间轴效果图

18 按下Ctrl+Enter组合键，测试动画。

拓展提高

制作大雪纷飞效果。

案例三 | 圆弧运动

■ 案例目标 制作"圆弧运动"动画，实例效果如图5.43（光盘\素材\单元五\案例三\圆弧运动.swf）所示。

图5.43 效果图

■ 案例说明 本案例学习元件按照指定的规则学习圆弧路径运动的制作方法。情景为：车沿着弧线斜坡向上开，速度由快到慢；到了坡顶后，又沿着弧线斜坡往下开，速度由慢到快。在坡顶的时候要修改汽车的形状，让其变成水平，到了右下斜坡脚时，要把汽车方向调整为朝右下。

■ 技术要点
● 引导层的创建和运用。
● 规则圆弧引导路径的创建。
● 缓动的设置。

实现步骤

图5.44　文档属性设置

1. 新建文件与保存

01 启动Flash CS3。

02 在启动界面选择新建选项中的 Flash 文件(ActionScript 3.0)。

03 执行"文件"/"保存"命令，在弹出的"另存为"对话框中选择动画保存的位置，输入文件名称"圆弧运动"，然后单击"保存"按钮。

04 设置文档属性，如图5.44所示。

2. 导入素材和设置背景

01 执行"文件"/"导入"/"导入到库"命令，查找范围为：光盘\素材\单元五\案例三\，选择文件背景.gif和汽车.gif，如图5.45所示。

图5.45　导入素材

02 按下Ctrl+F8组合键创建元件，元件名称为"背景斜坡"，类型为"图形"，如图5.46所示。

图5.46　新建"背景斜坡"元件

03 把库中的"树木"图片拖到舞台中。打开"对齐"面板,在"相对于舞台"按钮处于选中的状态下，依次单击对齐面板中的"水平居中

圆弧运动　案例三

对齐" 和"垂直居中对齐" 按钮。

04 单击 场景1 返回场景。

05 双击文字"图层1",把"图层1"改为"背景"。

06 把库中的"背景斜坡"元件拖到舞台中,打开"属性"面板,修改元件的宽度为620,高度为260。打开"对齐"面板,在"相对于舞台"按钮处于选中的状态下,依次单击"水平居中对齐" 和"底对齐" 按钮,效果如图5.47所示。

图5.47 "背景斜坡"在场景中的位置

07 在"背景"图层的第80帧处按下F5键插入帧,并单击锁图标 下面的白点,锁住"背景"图层,效果如图5.48所示。

3. 创建"爬坡汽车"元件

01 按下Ctrl+F8组合键创建元件,元件名称为"爬坡汽车",类型为"图形",如图5.49所示。

02 把库中的"汽车"图片拖到舞台中,打开"对齐"面板,在"相对于舞台"选中的状态下,依次单击"水平居中对齐" 和"垂直居中对齐" 按钮。

4. 制作场景中的圆弧运动动画

01 单击 场景1 返回场景。

02 单击 中的 按钮插入新图层2,把"图层2"改名为"爬坡汽车"。

03 单击"爬坡汽车"图层的第1帧,把库中的"爬坡汽车"元件拖到场景中,移动到场景左下角位置。单击工具箱中的"任意变形工具"按钮 ,单击"爬坡汽车"元件,在属性面板中设置宽为50,高为35,并旋转一定角度(让车轮贴着坡面),如图5.50所示。

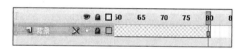

图5.48 "背景"图层效果

图5.49 创建爬坡汽车元件

图5.50 "爬坡汽车"的位置及大小

103

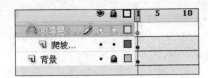

图5.51 添加引导层后图层效果

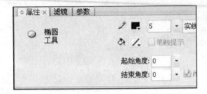

图5.52 椭圆工具属性设置

04 单击 中的添加运动引导层图标 添加引导层，效果如图5.51所示。

05 单击工具箱中的"椭圆工具"按钮 ，在"属性"面板中设置笔触颜色为黑色（#000000），高度为5，样式为实线，填充颜色为无，如图5.52所示。接着在舞台上画一椭圆。

06 单击工具箱中的"选择工具"按钮 ，选择刚画好的椭圆，在"属性"面板中修改宽为980，高为430，并将椭圆移到如图5.53所示的位置上（椭圆沿着坡面）。

图5.53 椭圆位置

07 单击"引导层"图层锁图标 下面的白点，锁住"引导层"图层。

08 单击工具箱的"选择工具"按钮 ，单击"爬坡汽车"图层的第1帧，把"爬坡汽车"元件移动到引导线左端处，如图5.54所示的位置。

09 在"爬坡汽车"图层的第80帧处按下F6键插入关键帧，把"爬坡汽车"移到引导线的右端场景右外侧处，效果如图5.55所示。

图5.54 第1帧"爬坡汽车"位置

图5.55 第80帧"爬坡汽车"位置

10 在第1帧与第80帧之间任意一帧处右击，选择"创建补间动画"命令，时间轴如图5.56所示。

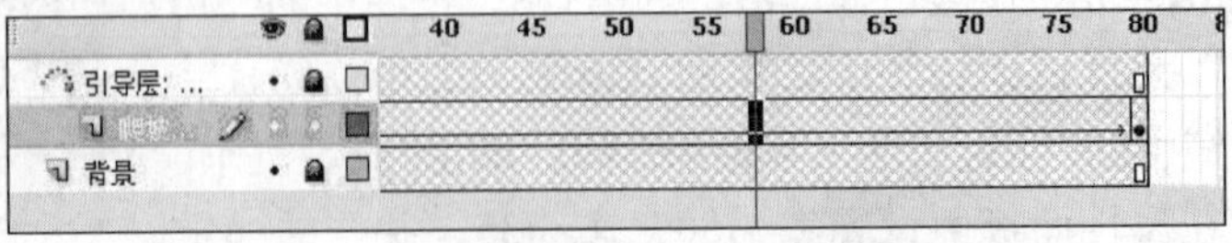

图5.56 "爬坡汽车"图层时间轴效果图

11 单击工具箱中的"任意变形工具"按钮 ，单击第80帧的"爬坡汽车"元件,旋转一定角度（汽车与引导线平行），如图5.57所示。

12 在"爬坡汽车"图层的第40帧处按下F6键插入关键帧，单击工具箱中的"任意变形工具"按钮 ，单击"爬坡汽车"元件，旋转一定角度，如图5.58所示。

图5.57 第80帧汽车形状

图5.58 第40帧汽车形状

图5.59 第1帧属性设置

13 单击"爬坡汽车"图层的第1帧，设置帧属性，补间类型为"动画"，缓动为50，参数如图5.59所示。

14 单击"爬坡汽车"图层的第40帧，设置帧属性，补间类型为"动画"，缓动为-50，参数如图5.60所示。

15 按下Ctrl+Enter组合键，测试动画。

图5.60 第40帧属性设置

注意： 可参考制作篮球在空中飞行，运动轨迹为弧形，到最高点前速度从快到慢，最高点后速度从慢到快。

案例四 太阳系行星

■ **案例目标** 制作"太阳系行星"动画，实例效果如图5.61（光盘\素材\单元五\案例四\太阳系行星.swf）所示。

图5.61 太阳系行星效果图

■ **案例说明** 本案例学习太阳系行星围绕太阳旋转的制作方法。

情景为：太阳系中的各行星按照椭圆形轨道，围绕着太阳旋转，当到达最远端时，大小和透明度都最小，可设为正常的50%；到了较近处时，大小和透明度为正常的80%；到最近处时，大小和透明度正常。

■技术要点
● 引导层的创建和运用。
● 规则引导线的制作。
● 显示引导线的制作。

□ **实现步骤**

1. 新建文件与保存

01 启动Flash CS3。

02 在启动界面选择新建选项中的 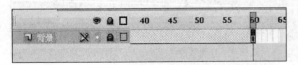 。

03 执行"文件"/"保存"命令，在弹出的"另存为"对话框中选择动画保存的位置，输入文件名称"太阳系行星"，然后单击"保存"按钮。

2. 导入素材和设置背景

01 执行"文件"/"导入"/"导入到库"命令，查找范围为：光盘\素材\单元五\案例四\，选择文件如图5.62所示。

02 按下Ctrl+F8组合键创建元件，元件名称为"背景"，类型为"图形"，如图5.63所示。

03 把库中的"星空图"图片拖到舞台中。打开"对齐"面板，在"相对于舞台"选中的状态下，依次单击"水平居中对齐" 品 和"垂直居中对齐" 按钮。

04 单击 场景1 返回场景。

05 双击文字"图层1"，把"图层1"改为"背景"。

06 把库中的"背景"元件拖到舞台中，打开"属性"面板，修改元件的宽度为550，高度为400。打开"对齐"面板，在"相对于舞台"选中的状态下，依次单击"水平居中对齐" 品 和"垂直居中对齐" 按钮。

07 在"背景"图层的第60帧处按下F5键插入帧，并单击锁图标 下面的白点，锁住"背景"图层，效果如图5.64所示。

图5.62 导入素材

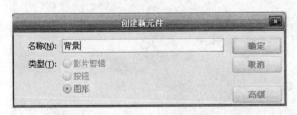

图5.63 新建"背景"元件

图5.64 "背景"图层效果

3. 创建"太阳"元件

01 按下Ctrl+F8组合键创建元件，元件名称为"太阳"，类型为"图形"，如图5.65所示。

02 把库中的"太阳G"图片拖到舞台中，在"属性"面板中，设置宽为40像素，高为40像素。打开"对齐"面板，在"相对于舞台"选中的状态下，依次单击"水平居中对齐" 🔠 和"垂直居中对齐" ⬜ 按钮。

图5.65 创建"太阳"元件

03 单击 🎬 场景 1 返回场景。

04 单击 🔲 中的 🔲 按钮插入新图层2，把"图层2"改名为"太阳"。

05 把库中的"太阳"元件拖到舞台中，打开"对齐"面板，在"相对于舞台"选中的状态下，依次单击"水平居中对齐" 🔠 和"垂直居中对齐" ⬜ 按钮，如图5.66所示。

图5.66 "太阳"在场景的位置

06 在"太阳"图层的第60帧处按下F5键插入帧，并单击锁图标 🔒 下面的白点，锁住"太阳"图层，效果如图5.67所示。

图5.67 "太阳"图层时间轴效果图

4. 创建"水星"元件及各行星元件

01 按下Ctrl+F8组合键创建元件，元件名称为"水星"，类型为"图形"，如图5.68所示。

02 把库中的"水星"图片拖到到舞台中，在"属性"面板中，设置宽为15，高为15。打开"对齐"面板，在"相对于舞台"选中的状态下，依次单击"水平居中对齐" 🔠 和"垂直居中对齐" ⬜ 按钮。

图5.68 新建"水星"元件

03 同理，创建其他各行星元件，各行星的大小（单位：像素）

可设置如下。金星：21×21；地球：24×24；火星：18×18；木星：36×36；土星：33×33；海王星：27×27。

5. 制作水星按轨道运动

01 单击 🖼场景1 返回场景。

02 单击 ⊡ ⌒ ⊡ 🗑 中的 ⊡ 按钮插入新图层3，把"图层3"改名为"水星"。

03 单击"水星"图层的第1帧，把库中的"水星"元件拖到场景中，移动到如图5.69所示的位置。

04 单击 ⊡ ⌒ ⊡ 🗑 中的添加运动引导层图标 ⌒ 添加引导层，效果如图5.70所示。

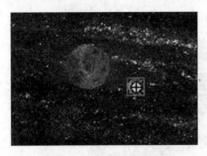

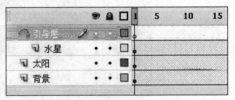

图5.69 "水星"的位置　　　　　图5.70 添加引导层后图层效果

05 单击工具箱中的"椭圆工具"按钮 ◯，在"属性"面板中设置笔触颜色为灰色（#666666），高度为1，样式为实线，填充颜色为无，如图5.71所示。

06 单击"引导层"图层的第1帧，画一个椭圆，单击工具箱中的"选择工具"按钮 ▸，把椭圆移到太阳旁边，再单击工具箱中的"任意变形工具"按钮 🔧，把椭圆调整成如图5.72所示的效果。

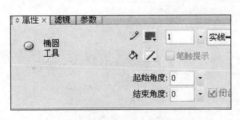

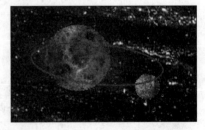

图5.71 "椭圆工具"属性设置　　　　图5.72 "引导层"引导线效果图

07 单击工具箱中的"选择工具"按钮 ▸，选中在"太阳"里的曲线，并删除掉，效果如图5.73所示。

08 单击"引导层"图层锁图标 🔒 下面的白点，锁住"引导层"图层。

09 单击工具箱的"选择工具"按钮 ↖，单击"水星"图层的第1帧，把"水星"元件移动到引导线左端开始处，如图5.74所示。在"属性"面板中，设置宽和高及Alpha值，如图5.75所示。

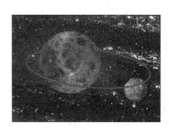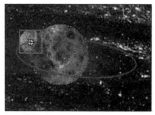

图5.73 删除"太阳"里的曲线　图5.74 第1帧"水星"位置

10 在"水星"图层的第60帧处按下F6键插入关键帧，把"水星"移到引导线的另一末端处，效果如图5.76所示。

图5.75 第1帧"水星"的大小及Alpha设置

11 在第1帧与第60帧之间任意一帧处右击，选择"创建补间动画"命令，分别在第15帧、第30帧、第45帧处按下F6键插入关键帧，时间轴如图5.77所示。

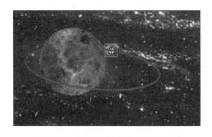

图5.76 第60帧"水星"位置

图5.77 "水星"图层时间轴效果图

12 单击第15帧，选中"水星"元件，在"属性"面板中设置宽和高及Alpha值，如图5.78所示。

图5.78 第15帧"水星"的大小及Alpha设置

13 单击第30帧，选中"水星"元件，在"属性"面板中设置宽和高及Alpha值，如图5.79所示。

图5.79 第30帧"水星"的大小及Alpha设置

14 单击第45帧，选中"水星"元件，在"属性"面板中设置宽和高及Alpha值，如图5.78所示。

15 单击"水星"图层锁图标 🔒 下面的白点，锁住"水星"图层。

16 解锁"引导层"，选择"引导层"中的椭圆引导线，按下Ctrl+C组合键复制。

17 单击 中的 按钮插入新图层4，把"图层4"改名为"水星引导线"。按下Ctrl+V组合键粘贴得到第二条椭圆引导线，把引导线移到原引导线上使其完全重合。

18 锁定"引导层"图层和"水星引导线"图层，时间轴如图5.80所示。

图5.80 "水星"制作完成后时间轴

19 同理，参照步骤2～步骤18，可依此制作其他行星的运动动画。各行星与"太阳"的距离从近到远顺序为：水星、金星、地球、火星、木星、土星、天王星和海王星。大小从大到小顺序是：木星、土星、天王星、海王星、地球、金星、火星和水星。最终的时间轴效果如图5.81所示。

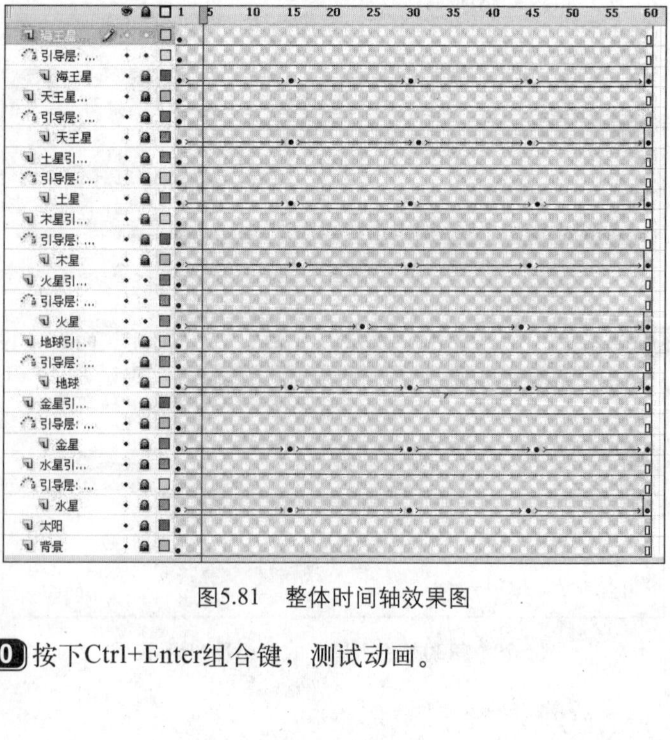

图5.81 整体时间轴效果图

20 按下Ctrl+Enter组合键，测试动画。

■ 单元小结

　　本章主要学习引导层动画的制作方法。在引导层动画中，物体的运动路径是由引导层来决定的，但引导层的内容(引导路径)在动画中是不会显示的，所以要显示出动画路径，则必须另外建立图层把路径显示出来才行，如太阳系动画。

单元实训

实训　篮球进篮

【实训要求】

　　动画制作出篮球在空中滚动着飞向篮球架，撞到篮板后反弹到篮筐中，在篮筐中碰撞一次后跌落到地上，碰到地面后反弹，再跌落⋯⋯最后滚动出来的场景。图5.82所示为效果图。

【技术要点】

　　首先利用旋转动画的制作方法制作出滚动的篮球；在篮球飞向篮球架的时候，飞行的路线是抛物线状的，要用引导层动画制作方法，而且在达到最高点前，速度从快到慢，到了最高点后，速度从慢到快；撞到篮板反弹到篮筐可以用直线运动动画制作；落到地面反弹可参考单元二讲述的方法制作。

图5.82　篮球进篮效果图

【实训评价】

表5.1　项目评价表

检查内容	评分标准	分值	学生自评	老师评估
旋转动画	制作出滚动的篮球动画	10		
引导层动画	制作出篮球在空中做抛物线运动，在最高点前，速度从快到慢；最高点后，速度从慢到快	50		
补间直线运动动画	制作出球弹中篮板进篮筐，在篮筐中碰撞一次动画	20		
弹跳动画	制作出球落地的弹跳动画	30		

读书笔记

6

单元六　动作脚本

单元导读

　　本单元案例全是在ActionScript 3.0编程语言环境下完成的，实现了Flash内容与应用程序交互、数据处理等功能。ActionScript 3.0新增了一个ActionScript虚拟机，可执行更深入的优化程序；一个扩展并改进的应用程序编程接口（API），拥有对对象的低级控制和真正意义上的面向对象的模型。本单元案例实现常见的动画特效，分别是动画播放按钮控制、图片轮换特效、动态影片秀、青蛙跳、飘雪和改变衣服颜色。由简单到复杂，由原理到应用解析了Flash的应用技巧。结合实际，快速、高效、灵活地设计出各种动画特效来。

技能目标

- 灵活应用公用库的按钮。
- 学会定义一个事件。
- 学会定义一个事件监听。
- 掌握ActionScript 3.0的常用包和类。

案例一 动画播放按钮控制

■ **案例目标**　实现动画播放按钮控制，实例效果如图6.1（光盘\素材\单元六\案例一\动画播放按钮控制.swf）所示。

图6.1　效果图

■ **案例说明**　本案例介绍了如何使用按钮控制短片的方法。前半部分是介绍制作小短片的过程，后半部分介绍使用按钮控制影片播放、停止、暂停、快进、快退的方法。

■ **技术要点**
- 使用公用库的按钮。
- 给按钮元件定义实例名字。
- 选择开关应用。

实现步骤

1. 创建文档设计背景

01 启动Flash CS3。新建Flash文档（ActionScript3.0），大小设置为550像素×300像素，如图6.2所示。

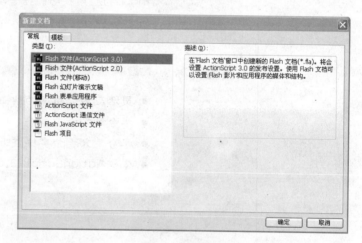

图6.2　新建文档

02 将"图层1"重命名为"天空"，选择"矩形工具" ■ ，笔触颜色为无，在舞台绘制一个大小为550像素×600像素的图形，然后选用"颜料桶工具" ◇ ，选择线性填充方式，在两个色标之间再增加两个色标，四个色标的颜色分别设置为#24319F、#F4D0AC、#F1B374、#F88718，如图6.3所示。

图6.3 "天空"背景

03 选中矩形框，按F8键，将它转化为影片剪辑元件，命名为"天空"。

04 在"天空"图层第90帧处插入关键帧，选中"天空"元件，将它的(X,Y)坐标设置为（0，0）。返回第1帧处，选中"天空"元件，将它的（X，Y）坐标设置为（0，-300），并在第1帧、第90帧之间创建补间动画。

2．绘制楼房

01 在"天空"图层上面插入图层，重命名为"楼房"。在舞台上，用"线条工具" \ 绘制高楼的形状，如图6.4所示。

02 选用"颜料桶工具" ，线性填充楼房的形状。自行调整颜色，与背景颜色相协调便可，如图6.5所示。

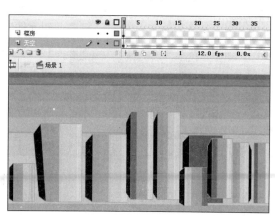

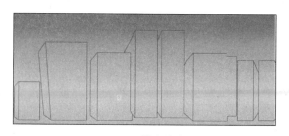

图6.4 楼房轮廓　　　　　图6.5 上色后的楼房

小贴士

如果想要楼房有层叠效果，最好在绘制完一个楼房形状后，进行组合。双击组内部进行填充颜色，然后再复制组合形状，再重新编辑线性填充的颜色。这样可以提高绘制速度，也避免颜色块因未组合而产生颜色相溶的现象。

03 在"楼房"图层上面插入图层，重命名为"公路"。用"矩形工具" ▢ 在舞台绘制一个矩形，大小为550像素×40像素，并将它的（X，Y）坐标设置为（0，260）。然后用"线条工具" ╲ 绘制线条，笔触样式设为"虚线"，如图6.6所示。

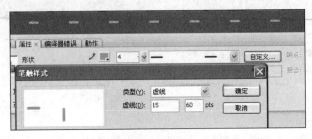

图6.6　公路

04 在"公路"图层上面插入新图层，重命名为"汽车"。选用"钢笔工具" ✒，在舞台上绘制汽车的轮廓，使用"颜料桶工具" 🪣 线性填充汽车的轮廓，如图6.7所示。

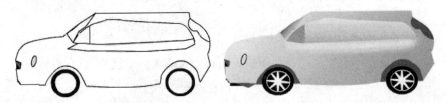

图6.7　汽车

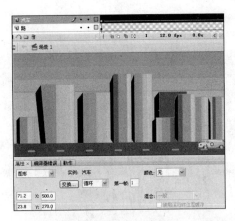

图6.8　汽车运动图

05 选中绘制好的汽车，按F8键，将它转化为影片剪辑元件，命名为"汽车"。将它的大小设置为71像素×24像素。在"汽车"图层的第90帧处插入关键帧，选中"汽车"元件，将它的（X，Y）坐标设为（-54，270）。返回第1帧，并选中元件，将它的（X，Y）坐标设为（500，270）。在第1帧、第90帧之间创建补间动画，如图6.8所示。

3．加入按钮

01 在"汽车"图层上面插入新图层，重命名为button。

02 执行"窗口"/"公用库"/"按钮"命令，在公用库的playback rounded文件下找到对应的5个按钮，将它们拖入到舞台，如图6.9所示。

03 选中这5个按钮，按Ctrl+K组合键打开"对齐"面板，单击"底对齐"按钮，再单击"水平平均间隔"按钮，如图6.10所示。

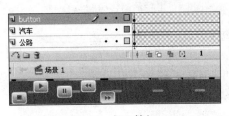

图6.9　加入按钮

图6.10 对齐处理

4．给5个控制按钮定义实例名

01 选中"停止"按钮，在"属性"面板里，给"停止"
按钮定义实例名为stop_btn，如图6.11所示。

02 依次选中"播放"、"暂停"、"快退"、"快进"按
钮，分别给它们定义实例名为play_btn、pause_btn、back_btn、
foreward_btn。

图6.11 实例化按钮

5．编辑代码

01 在button图层上面插入新的图层，重命名为action。

02 右击action图层的第1帧，选择"动作"命令，这时打开脚本编
辑器，输入如下代码。

```
stop();
stage.addEventListener(MouseEvent.CLICK,clickHandler);
function clickHandler(e:MouseEvent):void {
    switch (e.target.name){
  case "play_btn":
   this.play();
   break;
  case "pause_btn":
   this.stop();
   break;
  case "stop_btn":
   this.gotoAndStop(1);
   break;
  case "back_btn":
   backHandler();
   break;
  case "foreward_btn":
   forewardHandler();
   break;
  default:
 }
}
function backHandler():void {
```

```
if (this.currentFrame>10){
 this.gotoAndPlay(this.currentFrame-10);
} else {
 this.gotoAndPlay(1);
}
}
function forewardHandler():void {
 if (this.currentFrame<(this.totalFrames-10)){
 this.gotoAndPlay(this.currentFrame+10);
 } else {
 this.gotoAndStop(this.totalFrames);
 }
}
```

03 保存文档，文件名为"动画播放按钮控制.fla"。

拓展提高：添加一个动态文本框，显示具体的播放位置。

案例二 图片轮换特效

■ **案例目标**　　制作图片轮换特效，实例效果如图6.12（光盘\素材\单元六\案例2\图片轮换特效.swf）所示。

图6.12　效果图

■ **案例说明**

本案例实现广告轮换效果，鼠标没在图片区域时图片会自动轮换，当鼠标滑到对应的图片号时会跳转到对应的图片，当鼠标按下图片号按钮时会打开http://www.qq.com网址。

■ **技术要点**

● 鼠标滑过实现图片跳转。

● 鼠标按下实现打开网页。

● 脚本中引用包的方法。

□ **实现步骤**

1. 广告背景的制作

01 启动Flash CS3。新建文档，文档大小设置为587像素×373像素，其他参数默认。

02 执行"文件"/"导入"/"导入到库"命令，将所有素材导入到库，执行"窗口"/"库"命令，显示"库"浮动面板。

03 将工作区大小设置为"符合窗口大小"。

04 双击"图层1"重命名为"背景"，然后从库中将bg.png拖入到舞台，用"选择工具" ▶ 选中它，在"属性"面板中把它的坐标（X，Y）设为（0，0），如图6.13所示。

图6.13 属性设置

05 在"背景"图层的第200帧右击，选择"插入帧"命令，或按F5键。

06 选中"背景"图层，并锁定"背景"图层。

2. 广告图片轮换的制作

01 在"背景"图层上面插入新图层，重命名为"图片"。

02 选中"图片"图层的第1帧，将1.jpg图片素材从库中拖到舞台，用"选择工具" ▶ 选中它，在"属性"面板中把它的坐标（X，Y）设为（11，11），如图6.14所示。

图6.14 属性设置

03 分别在"图片"图层的第50帧和第100帧处插入关键帧，接着分别在第1帧到第50帧和第51帧到100帧之间创建补间动画，如图6.15所示。

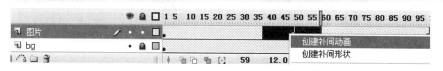

图6.15 补间动画创建

04 分别选中第1帧和第100帧，用"选择工具" ▶ ，框选"图片"元件，在"属性"面板上"颜色"下拉列表框中选中"Alpha"，右边的透明度设为0%，如图6.16所示。

图6.16 透明度设置

05 在"图片"图层的第101帧处插入空白关键帧，并选中此帧，将2.jpg图片元件从库中拖到舞台，用"选择工具" ↖ 选中它，在"属性"面板中把它的坐标（X，Y）设为（11，11）。

06 分别在"图片"图层的第150帧和第200帧处插入关键帧，接着分别在第101帧到第150帧和第151帧到第200帧之间创建补间动画。选中第101帧，用"选择工具" ↖ 框选"图片"元件，在"属性"面板上"颜色"下拉列表框中选中Alpha，右边的透明度设为0%。

07 同理制作5张图片切换效果。

3．标题文字制作

01 在"图片"图层的上面插入新图层，重命名为"标题栏"。选择第1帧，从库中把Title.png拖入到舞台，将它的（X，Y）设置为（11，292）。

02 在"标题栏"图层上面插入新图层，重命名为"标题"。选择第1帧，从库中把"标题文字1.png"拖入到舞台。将它的（X，Y）设置为（20，305），在第100帧处插入关键帧，如图6.17所示。

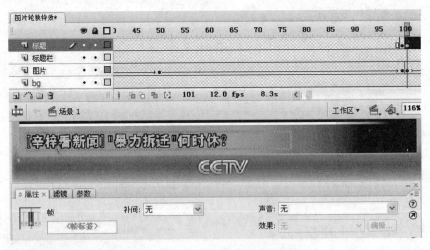

图6.17 加入标题图片

03 在"标题栏"图层的第101帧处插入空白关键帧，从库中把"标题文字2.png"拖入到舞台。将它的（X，Y）设置为（20，305），在第200帧处插入关键帧。

04 同理制作其余3张图片的显示效果。

4．按钮控制图片的制作

01 在"标题"图层上面插入新图层，重命名为"按钮"。从库中分别把"按钮1.png"、"按钮2.png"拖入到舞台，在舞台上分别选择"按钮1.png"、"按钮2.png"位图，按F8键，弹出"转换为元件"对话框，在对话框中名称处依次输入b1、b2，类型都设为"按钮"，再单击"确定"按钮。同理将位图"按钮3.png"、"按钮4.png"、"按钮5.png"分别转换成相对应的按钮b3、b4、b5元件，如图6.18所示。

02 框选这5个按钮，按Ctrl+K组合键或选择"窗口"/"对齐"命令，打开"对齐"面板，先单击"上对齐"命令，然后单击"水平平均间隔"命令，如图6.18所示。

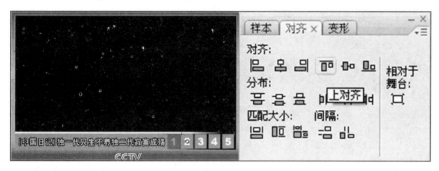

图6.18　将位图转换为按钮并进行对齐设置

03 分别对按钮b1、b2、b3、b4、b5元件进行实例化，分别定为b1_btn、b2_btn、b3_btn、b4_btn、b5_btn。

04 在"按钮"层的上方插入新图层，重命名为"移动块"，从库中把"移动块.png"拖到舞台，并转化为图形元件"移动块"，然后在该图层的第100、第101、第200、第201、第300、第301、第400、第401、第500帧处按下F6插入关键帧，适当调节关键帧处"移动块"的位置，使"移动块"的位置与"按钮"的位置重置。

5．输入代码

01 在"按钮"图层上面插入新图层，重命名为action。

02 右击action图层的第1帧，选择"动作"命令，输入如下代码。

```
import flash.net.*;
var url:String="http://www.qq.com";
var request:URLRequest=new URLRequest(url);
b1_btn.addEventListener(MouseEvent.MOUSE_DOWN,load_mc);
b1_btn.addEventListener(MouseEvent.ROLL_OVER,tu1);
function tu1(me:MouseEvent){
                this.gotoAndPlay(1);
```

```
}
function load_mc(me:MouseEvent)
{
        navigateToURL(request);
}
b2_btn.addEventListener(MouseEvent.ROLL_OVER,tu2);
function tu2(me:MouseEvent){
                this.gotoAndPlay(101);
}
b3_btn.addEventListener(MouseEvent.ROLL_OVER,tu3);
function tu3(me:MouseEvent){
                this.gotoAndPlay(201);
}
b4_btn.addEventListener(MouseEvent.ROLL_OVER,tu4);
function tu4(me:MouseEvent){
                this.gotoAndPlay(301);
}
b5_btn.addEventListener(MouseEvent.ROLL_OVER,tu5);
function tu5(me:MouseEvent){
                this.gotoAndPlay(401);
}
```

6. 加入声音

小贴士

声音的"同步"设为"数据流"表示影片播放完毕，声音也结束播放。

01 在"action"图层上面插入图层，重命名为"音乐"，选中第1帧，在"属性"面板上设置"声音"和"同步"，如图6.19所示。

图6.19　声音设置

拓展提高

实现单击不同图序号后打开不同的网页。

02 保存文档，命名为"网页轮换广告.fla"。执行"文件"/"导出"/"导出影片"命令，导出文件命名为"网页轮换广告.swf"。

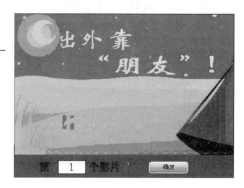

图6.20 效果图

案例三 动态影片秀

■ **案例目标** 制作动态影片秀，实例效果如图6.20（光盘\素材\单元六\案例3\动态影片秀.swf）所示。

■ **案例说明** 本案例主要介绍动态秀图制作，设置动态文本框，可以随意输入想要的外部影片代号，单击"确定"按钮后，实现加载对应的外部影片文件并播放。

■ **技术要点** ● 给定输入文本框实例名字。
● 判断文本框输入不为空。
● 如何动态地加载外部影片。

实现步骤

1. 背景制作

01 启动Flash CS3。新建文档，背景色设置为#FF6666，大小设置为400像素×290像素。

02 将"图层1"重命名为bg，用"矩形工具" ，笔触颜色设置为无，填充色设置为#CC0000，在舞台上绘制一个大小为400像素×40像素的矩形。将它的（X，Y）坐标设为（0，250），效果如图6.21所示。

图6.21 背景设置

小贴士

① 先制作出3个影片，舞台大小都为400像素×300像素的，分别命名为"s1.swf"、"s2.swf"、"s3.swf"。② 这3个文件要跟本实例的源文件存放在同一个目录下。

2. 文本与说明文字

01 在bg图层上面插入新图层，重命名为"文本"。

02 选用"文本工具" ，在"属性"面板上选择类型为"输入文本"，字号为19，填充色为黑色，并给定它的实例名为input_text，将它的（X，Y）坐标设置为（78.0，260.0），如图6.22所示。

图6.22 动态文本属性设置

03 再一次使用"文本工具" **T**，在"属性"面板上选择类型为"静态文本"，字号为19，填充色为黑色，输入文本框的提示文字"第"和"个影片"，如图6.23所示。

图6.23 静态文本属性设置

3．加入按钮

01 在"文本"图层上面插入新图层，重命名为btn。

02 执行"窗口"/"公用库"/"按钮"命令，在buttons rounded文件夹下，把rounded blue2的按钮拖入到舞台，将它的（X，Y）坐标设置为（470，34）。

03 选择舞台上的按钮，在属性栏设置按钮实例名为btn。

04 通过鼠标双击"按钮"，进入"按钮"的编辑状态，把按钮上面的文字改为"确定"，如图6.24所示。

图6.24 按钮设置

4．加入代码

01 在"btn"图层上面插入新图层，重命名为action。

02 右击action图层的第1帧，选择"动作"命令，在代码编辑器中输入如下代码。

```
var loader:Loader=new Loader();
loader.contentLoaderInfo.addEventListener(Event.
COMPLETE,load_mc);
bt.addEventListener(MouseEvent.CLICK,pressbtn);
function pressbtn(event:Event):void
{
  if(input_text.text!="")
  {
  var i=input_text.text;
  loader.load(new URLRequest("s"+i+".swf"));
  }
  else
  {
      }
}
function load_mc(event:Event){
  var_content:DisplayObject=event.target.content;
  this.addChild(loader);
}
```

拓展提高

新建一个文档，实现随机播放外部的影片（不用输入影片号）。

03 保存文档，文件名为"动态影片秀.fla"。执行"控制"/"测试影片"命令，测试影片。

案例四 青蛙跳

■ **案例目标** 制作"青蛙跳"动画，实例效果如图6.25（光盘\素材\单元六\案例四\青蛙跳.swf）所示。

图6.25 青蛙跳效果图

■ **案例说明** 本案例实现青蛙随机跳跃的效果，主要采用复制青蛙元件，青蛙随机出现，并随机变换青蛙的宽高比例的方法。

■ **技术要点** ● 给定影片剪辑元件实例名字。
● 实现随机跳跃。

实现步骤

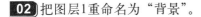

1. 设置背景

01 启动Flash CS3。新建文档，帧频默认，把舞台大小设置为720像素×300像素。

02 把图层1重命名为"背景"。

03 把bg.jpg图片导入到舞台，大小设为720像素×300像素，平铺舞台，将它的（X，Y）坐标设置为（0，0）。

图6.26 创建蛙动元件

2. 创建青蛙影片剪辑元件

01 按下Ctrl+F8创建一个新元件，并命名为"蛙动"，如图6.26所示。

02 进入元件内部后，在舞台上绘制青蛙，如图6.27所示。

03 返回场景。

图6.27 绘制青蛙

3. 设置元件

01 在"背景"图层上面插入新图层，重命名为"青蛙"。把库中的"蛙动"影片剪辑元件拖入到舞台，将元件的宽与高都设为55px，效果如图6.28所示。

02 在库"蛙动"元件的上方单击鼠标右键，选择"链接"命令，将类名设为qw，如图6.29所示。

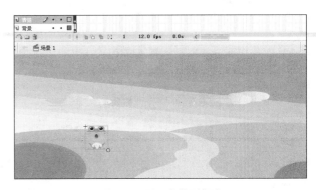

图6.28 置入青蛙到舞台

图6.29 类名设置

4．输入代码

01 在"青蛙"的图层上面新建图层，重命名为action。右击action图层的第1帧，选择"动作"命令，在代码编辑器中输入如下代码。

```
var i:Number=1;
addEventListener(Event.ENTER_FRAME,tiaodong);
function tiaodong(event:Event):void {
    var wd:qw=new qw();
    addChild(wd);
    wd.x=Math.random()*700;
    wd.y=Math.random()*260;
    wd.scaleX=Math.random()+1;
    wd.scaleY=Math.random()+1;
    i++;
    if (i > 4){
        this.removeChildAt(1);
        i=4;
    }
}
```

拓展提高

绘制其他姿态的青蛙元件在舞台上跳跃。

02 保存文档，文件名为"青蛙跳.fla"。执行"控制"/"测试影片"命令，测试影片。

案例五 飘雪

图6.30 飘雪效果图

■ 案例目标 　　制作"飘雪"动画，实例效果如图6.30（光盘\素材\单元六\案例五\飘雪.swf）所示。

■ 案例说明 　　本案例实现雪花随机飘落。先制作雪花元件，然后用脚本实现复制元件，雪花大小随机、透明度、速度和坐标。

■ 技术要点 　　● 复制元件。

　　● 实现雪花随机飘落。

实现步骤

1．小雪元件

01 启动Flash CS3。新建文档，大小默认，背景颜色设置为黑色。

02 按下Ctrl+F8插入一个新影片剪辑，命名为"小雪"。

03 进入元件后，选用"刷子工具" ✐ ，笔触用圆形，颜色用白色，颜色的透明度设为50%，在舞台上绘制一个小圆点。

04 在"小雪"元件的"图层1"上面新建图层，选用"刷子工具" ✐ ，笔触颜色的透明度设为100%，在"图层2"绘制一个比图层1的"小雪"小一半左右的小圆点，如图6.31所示。

图6.31　雪花

2．设置"小雪"元件

在库中右击"小雪"元件，选择"链接"命令，将类名设为snow，如图6.32所示。

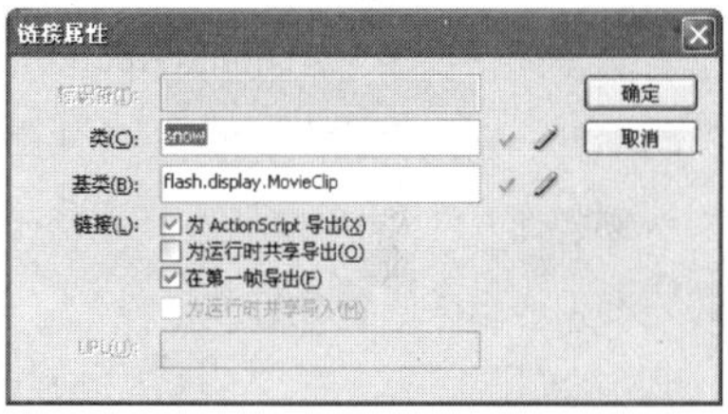

图6.32　"小雪"元件类设置

3．加入代码

01 返回场景，将场景的图层1重命名为action。

02 右击action图层的第1帧，选择"动作"命令，输入如下代码。

```
for(var i:int=0;i<100;i++)
{
    var xh_mc:MovieClip=new snow();
    addChild(xh_mc);
    xh_mc.x=Math.random()*stage.stageWidth
    xh_mc.y=Math.random()*stage.stageHeight
    xh_mc.scaleY=xh_mc.scaleX=Math.random()*0.5+0.5
    xh_mc.alpha=Math.random()*0.5+0.5
    xh_mc.vx=Math.random()*2-1;
    xh_mc.vy=Math.random()*3+5;
    xh_mc.name="xh_mc"+i;
    }
addEventListener(Event.ENTER_FRAME,xiaxue);//定义一个事件监听
function xiaxue(evt:Event):void
{
    for(var i:int=0;i<100;i++)
    {
        var xh_mc:MovieClip=getChildByName("xh_mc"+i)
        as MovieClip
        xh_mc.x+=xh_mc.vx
        xh_mc.y+=xh_mc.vy
```

```
                    if(xh_mc.y>stage.stageHeight)
                    {
                        xh_mc.y=0;
                    }
                }
            }
```

03 保存文档,文件名为"下雪.fla"。执行"控制"/"测试影片"命令,测试影片。

单元小结

本单元主要学习ActionScript 3.0的脚本应用,掌握常用的按钮触发事件,实现影片的播放控制、加载文件、随机变化、复制元件、元件的属性值变化等功能。了解ActionScript 2.0与ActionScript 3.0脚本的应用方法及区别,例如图片和swf的加载不再会使用LoadMovie方法和MovieClipLoader类,取而代之的是URLRequest和Loader类,它们可以实现同样的功能等。

单元实训

实训一　随机调整图片的颜色和透明度

【实训要求】

利用改变衣服颜色实例的制作思路,制作出随机调整图片颜色和透明度的动画,参考效果:单元六\实训一\随机调整图片的颜色和透明度.swf。图6.33所示为效果图。

【技术要点】

设置变量,当拖动红色滑块时对图片进行加红处理,当拖动绿色滑块时对图片进行加绿处理,当拖

图6.33　效果图

动蓝色滑块时对图片进行加蓝处理,当拖动透明滑块时对图片进行透明度处理。本实例参考效果有一个弊端,就是滑块不能即时停止,解决办法是增加一个滑块按钮外的监听(即舞台监听)。

解决方法如下:

```
function hktz(event){
    stage.removeEventListener(MouseEvent.MOUSE_UP,hktz)//"hktz"为滑块停止事件
    hk_mc1.stopDrag()//"hk_mc1"即为滑块的实例名
}
```

【实训评价】

表6.1　项目评价表

检查内容	评分标准	分值	学生自评	老师评估
场景、元件	场景布置合理性、元件合理性	20		
代码运行情况	代码运行无错误、是否用代码实现拖动滑块	70		
创意	代码精简	10		

实训二　下雨

【实训要求】

利用飘雪实例的制作思路，制作出下雨的动画，参考效果：单元六\实训二\下雨.swf。图6.34所示为效果图。

【技术要点】

注意雪花落下时是飘浮慢慢下落的效果，而雨滴落下时受重力影响，速度较快，所以在编写代码时应考虑如何去设置速度及透明度。

图6.34　下雨效果图

【实训评价】

表6.2　项目评价表

检查内容	评分标准	分值	学生自评	老师评估
元件合理性	雨点形状大小合理	10		
代码运行情况	代码运行无错误、是否用代码实现复制雨点	60		
创意	代码精简、画面优美合理	30		

实训三　改变衣服颜色

【实训要求】

制作动画"改变衣服颜色"，要求通过按钮的单击事件来切换衣服的颜色。参考效果：单元六\实训三\改变衣服颜色.swf。图6.35所示为效果图。

【技术要点】

通过按钮的单击事件触发衣服的颜色的改变，使用随机函数来产生随机的颜色。

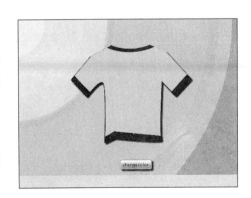

图6.35　效果图

【实训评价】

表6.3　项目评价表

检查内容	评分标准	分值	学生自评	老师评估
元件合理性	按钮、衣服影片的制作是否合理	10		
代码运行情况	代码运行无错误、是否用代码实现随机颜色	60		
创意	代码精简、画面优美合理	30		

7

单元七　特效动画

单元导读

    Flash的特效动画可谓是五花八门，多不胜数，在网页上嵌入一小段特效动画可以让网站更添魅力。这一单元主要讲解比较常用的几种特效，其中包含了交互特效、内置特效、遮罩特效等。

技能目标

- 懂得利用遮罩制作特效动画。
- 学会使用脚本来控制影片剪辑。
- 掌握内置特效库的用法。
- 学会动画特效与脚本的结合。

案例一 ┃ 旋转的花纹

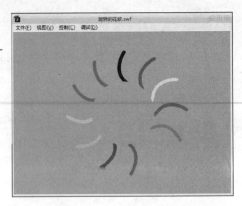

图7.1　旋转的花纹效果图

■ **案例目标**　　制作"旋转的花纹"特效，实例效果如图7.1（光盘\素材\单元七\案例一\旋转的花纹.swf）所示。

■ **案例说明**　　利用遮罩的特性制作看似复杂的特效动画。

■ **技术要点**　　形变动画与遮罩的结合。

⬜ 实现步骤

01 启动Flash CS3。选择"Flash文件（Actionscript 3.0）"命令，如图7.2所示。

02 打开"文档属性"面板，将场景大小设置为400×300（像素），"帧频"设置为30fps，如图7.3所示。

图7.2　新建文档

图7.3　文档属性

03 单击工具栏中的"钢笔工具"按钮 ✍，在场景中绘制一条曲线，线条粗细为8，效果如图7.4所示。

04 选中线条，执行"修改"/"形状"/"将线条转换为填充"命令，如图7.5所示。

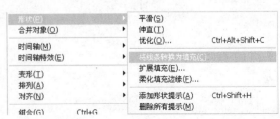

图7.4　绘制线条　　　　　　　图7.5　修改线条

05 将线条的旋转中心定位于图形的下方，如图7.6所示。

06 按下Ctrl+T组合键打开"变形"面板，输入旋转角度为30度，效果如图7.7所示。

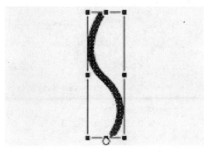

图7.6　定位旋转中心　　　　　图7.7　变形面板参数

07 单击"变形"面板右下角的"复制并应用变形"按钮来复制线条，使得线条围绕中心旋转一周，通过"颜料桶工具"  填充线条让每条曲线的颜色不一样，效果如图7.8所示。

08 按下Ctrl+A组合键，全选所有曲线，组合并且与场景中心对齐。

09 延长曲线所在的图层帧数至40帧。

10 新建图层，利用"矩形工具" 绘制无填充内容的圆环，粗细为8，并用上述方法转换为填充，然后与场景中心对齐，效果如图7.9所示。

11 在第20帧和第40帧处插入关键帧，然后选中第20帧的圆环通过"任意变形工具" 让其放大，如图7.10所示。

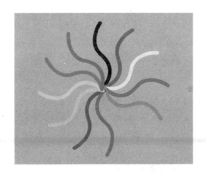 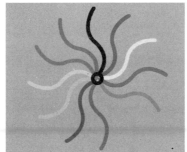 

图7.8　旋转后的曲线　　　　图7.9　绘制中心圆环　　　　图7.10　放大后效果图

12 选择第1帧和第20帧，在"属性"面板中设置补间为"形状"，缓动为100。

右击圆环所在图层，在弹出的快捷菜单中执行"遮罩"命令。

13 按下Ctrl+Enter组合键，测试影片。

拓展提高

制作电路板电流流过效果。

案例二 百叶窗特效

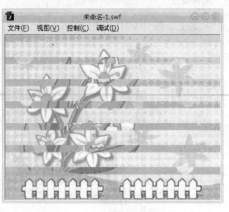

图7.11 百叶窗特效效果图

案例目标 制作百叶窗特效，实例效果如图7.11（光盘\素材\单元七\案例二\百叶窗特效.swf）所示。

技术要点 利用图形动画组合来实现动态遮罩效果。

实现步骤

01 打开Flash软件，执行"Flash文件（Actionscript 3.0）"命令，如图7.12所示。修改文档的属性，如图7.13所示。

02 执行"文件"/"导入"/"导入到库"命令，将"光盘\素材\单元七\案例二\"中的图片素材导入到"库"中，如图7.14所示。

03 新建图层2，从"库"中将picture_2.png拖入舞台并且对齐。

04 新建图层3，在工具栏中选择"矩形工具" ▢，将边框填充设置为禁用，如图7.15所示。

05 在"图层2"上绘制一个宽为400，高为40的矩形，并且打开"对齐"面板依次选择"上对齐"、"左对齐"，效果如图7.16所示。

06 右击矩形，在弹出的快捷菜单中选择"转换为元件"命令，类型选择"影片剪辑"，输入名称"遮罩"，然后单击"确定"按钮。

07 双击进入元件编辑区，选择时间轴上的第20帧，按下F6键插入关键帧，选择第20帧上的

图7.12 创建文件

图7.13 设置文档属性

图7.14 选择资源

图7.15 选择矩形工具

矩形，在"属性"面板中设置其高度为1，再选择时间轴上的第1帧，找到"属性"面板，将补间设置为"形状"，然后按住第1帧拖拽到第20帧，选中之后按住Ctrl键或者Alt键将之前选中的帧数段拖拽复制到第40~60帧，之后再选择第21帧，按下F7键插入空白关键帧，然后用同样的方法选中第40~60帧数段，右击选中的帧数段，在弹出的快捷菜单中执行"翻转帧"命令，然后选择第80帧按下F5键插入帧，如图7.17所示。

图7.16　对齐后的矩形位置

08 双击舞台空白区域回到"主场景"，选择之前创建的矩形元件，复制10个并且依次往下对齐，如图7.18所示。

图7.17　效果图

09 全选所有被复制的矩形，转换为影片剪辑，取名为"遮罩组"。

10 右击矩形所在图层，这时候矩形图层应该是在顶层，然后选择"遮罩"。

11 按下Ctrl+Enter组合键，测试影片。

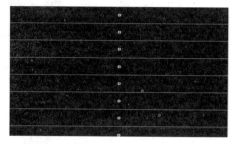

┌─ 拓展提高 ─
│ 将案例特效的矩形换成其他形状，比如从小到大的星星。
└

图7.18　复制多个矩形

案例三　跟随鼠标的星星

■ **案例目标**　制作"跟随鼠标的星星"，实例效果如图7.19（光盘\素材\单元七\案例三\跟随鼠标的星星swf）所示。

■ **技术要点**　● 通过循环事件反复执行某段脚本。

● 懂得如何通过变量、循环语句，来实现鼠标跟随效果。

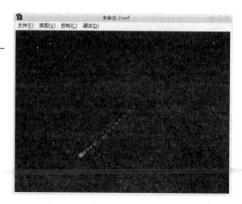

图7.19　跟随鼠标的星星效果图

◰ 实现步骤

01 打开Flash软件，选择"Flash文件（Actionscript3.0）"，如图7.20所示。

图7.20 创建文件

图7.21 设置文档属性

图7.22 设置星型工具属性

图7.23 绘制星星

02 打开"文档属性"面板，设置如图7.21所示。

03 在工具栏中选择"多角星形工具"，在"属性"面板中单击"选项"按钮，在弹出的"工具设置"对话框中设置"样式"为"星型"，"边数"为6，"星型顶点大小"为0.5，如图7.22所示。

04 按住Shift键，在场景中绘制一个正6角形，大小为13×16，颜色为蓝色，效果如图7.23所示。

05 选择场景中的星型，将其转换为影片剪辑，实例名称为Manystar，然后双击进入元件编辑器。

06 在时间轴上的第10帧、第20帧处插入关键帧，选择第10帧的星型图形，在"属性"面板中设置颜色为"红色"，然后同时选择第1帧和第10帧，在"属性"面板中设置"补间"为"形状"。

07 在"库"面板中右击Manystar元件，选择"链接"命令，并在"为Actionscript导出"选项前打勾，如图7.24所示。

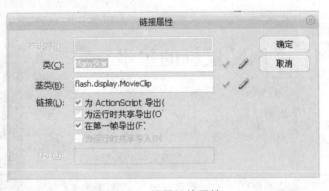

图7.24 设置链接属性

08 双击场景空白区域回到主场景，将场景中的星型删除，新建图层，选择新图层的第1帧，输入如下脚本。

```
//定义跟随鼠标星星的个数
var num:int=20;
//定义存放星星的数组
var array:Array=[];
//利用for循环创建20个星星
```

```
for (var i:int=0;i<num;i++){
     var obj:Manystar=new Manystar();
     array.push(obj);
     stage.addChild(obj);
}
//让第一个星星跟随鼠标移动
array[0].startDrag(true);
//创建侦听器
stage.addEventListener(Event.ENTER_FRAME, run);
//循环执行星星跟随特效
function run(me:Event):void {
     for(var i:int=num-1;i>0;i--){
            array[i].x=array[i-1].x;
            array[i].y=array[i-1].y;
     }
}
```

09 按下Ctrl+Enter组合键，测试影片。

> **拓展提高**
>
> 制作一条跟随鼠标移动的鱼。

案例四 透视放大镜

案例目标　　　制作"透视放大镜"，实例效果如图7.25（光盘\素材\单元七\案例四\透视放大镜swf）所示。

技术要点　　　懂得如何通过遮罩与脚本的结合来实现特殊动画效果。

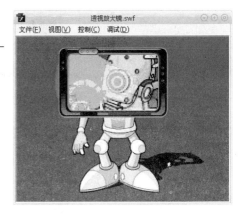

图7.25　透视放大镜效果图

实现步骤

01 启动Flash CS3。选择"Flash文件（Actionscript 3.0）"命令，如图7.26所示。

02 打开"文档属性"面板，将场景大小设置为400像素×300像素，帧频设置为30f/s，如图7.27所示。

03 执行"文件"/"导入"/"导入到库"命令，将"光盘\素材\单元七\案例二\"中的图片素材导入到"库"，如图7.28所示。

图7.26 创建文档　　　　图7.27 设置文档属性　　　　图7.28 选择素材

04 打开"库"面板，将"机器人.png"图片素材拖入场景，并将其居中对齐。

05 新建图层2，将"机器人骨骼"图片素材拖入场景居中对齐，并且设置其宽和高分别为800像素和600像素，并且转换为影片剪辑，然后在"属性"面板中，将实例名称改为robot。

06 新建图层3，在工具栏中选择"矩形工具" ▭，绘制宽和高分别为168和100的图形，并转换为元件，将实例名称改为shade。

07 新建图层4，将库中的"镜框.png"图片素材拖入场景，并且转换为影片剪辑，将实例名称改为frame。

08 新建图层5，选择第1帧按下F9键，打开"动作"面板输入如下脚本。

图7.29 图层效果图

```
//循环执行某段脚本
stage.addEventListener(Event.ENTER_FRAME, run);
function run(me:Event):void {
      robot.y=300-mouseY;
      robot.x=400-mouseX;
      frame.x=mouseX;
      frame.y=mouseY;
      shade.x=mouseX;
      shade.y=mouseY;
}
//隐藏鼠标
Mouse.hide();
```

09 右击"图层3"，在弹出的快捷菜单中选择"遮罩层"命令，效果如图7.29所示。

10 按下Ctrl+Enter组合键，测试影片。

拓展提高

制作反相放大镜。

单元小结

本章主要学习一般直线运动、旋转运动动画的制作方法，关键帧、空白关键帧、帧的创建，补间动画中缓动、Alpha的设置及作用。了解日常生活中弹跳运动、急停等惯性运动的制作方法。

本章主要学习时间类、函数和特效库等一些代码的使用方法，通过时间类可以控制动画在某个时间播放，播放多少次，等等，而函数可以很方便地调用代码块，Flash自带的特效库函数组合可以满足大多数的特效动画要求。

单元实训

实训　广告展示

图7.30　广告展示效果图

【实训要求】

制作广告展示动画，要求定时切换广告图片，图片的切换要求使用特效函数实现。实例效果：光盘\素材\单元七\实训一\广告展示.swf。图7.30所示为效果图。

【技术要点】

通过定时器来触发图片的轮换，而图片的轮换效果可以通过随机调用特效函数来实现。

【实训评价】

表7.1　评价表

检查内容	评分标准	分值	学生自评	老师评估
切换的时间	是否实现了定时切换图片	40		
特效的应用	是否实现了随机的切换特效	40		
总体效果	动画的整体效果	20		

读书笔记

8

单元八　声音处理

单元导读

　　声音是多媒体作品中不可或缺的一种媒介手段。在动画制作中，为了使动画的效果更具一定的感染力，合理地使用声音是十分必要的。比如优美的背景音乐、动感的按钮音效以及适当的旁白都可以更加贴切地表达动画作品的深层内涵。音乐进入动画以后，成为动画这个综合艺术的一个有机部分，它在突出动画的感情、加强动画的戏剧性、渲染动画的气氛方面起着特殊的作用。

技能目标

- 在掌握基础动画的同时，能根据情况为各个动画添加相应的声音。
- 尤其是要掌握利用脚本控制声音以及文字的显示方式。

案例一 飞机掠过上空

■ **案例目标**　　制作"飞机掠过上空"动画，实例效果如图8.1（光盘\素材\单元八\案例一\飞机掠过.swf）所示。

■ **案例说明**　　能为引导线动画配置相应的声音，同时注意飞机在飞行中，由远及近的放大、缩小和声音由远及近的变化。

图8.1　飞机掠过上空效果图

■ **知识要点**　　● 遮罩层动画的应用。
　　　　　　　　　● 动画中加入声音的方法。

🔲 实现步骤

图8.2　保存文档

图8.3　"属性"面板

图8.4　修改文档属性

1．Flash文件的新建、保存

01 启动Flash CS3，新建一个空白文档。

02 执行"文件"/"保存"命令，在弹出的"另存为"对话框中选择动画保存的位置，输入文件名称"飞机掠过"，然后单击"保存"按钮，如图8.2所示。

2．Flash舞台背景的设置

03 单击Flash界面下方的"属性"标签，展开"属性"面板，如图8.3所示。

04 在"属性"面板上，单击"文档属性"按钮，在弹出的"文档属性"对话框中设置舞台的宽为400像素，高为400像素，单击"背景颜色"的颜色块，在弹出的调色板中将背景颜色值设置为#FFCACA。完成后，单击"确定"按钮，如图8.4所示。

3. 飞机飞过动画制作

01 选择"文件"/"导入"/"导入到舞台"命令，选择"第八单元\案例1"文件夹下的"飞机背景.jpg"素材，并单击"打开"按钮，如图8.5所示。

02 更改"图层1"名称为"背景"，并将其延续到130帧，如图8.6所示。

03 单击选中舞台中的图片，打开对齐面板（快捷键为Ctrl+K），使图片相对于舞台水平居中、垂直居中。

04 单击"插入图层"按钮，插入一新图层，并将其改名为"飞机"，如图8.7所示。

05 选择"文件"/"导入"/"导入到舞台"命令，选择"第八单元\案例1"文件夹下的"飞机.jpg"素材，并单击"打开"按钮。

06 将导入的素材拖动到舞台的右上角，执行"修改"/"位图"/"将位图转换为矢量图"命令，选择"飞机"图片的背景，将背景删除，选择剩余的图形，按下F8键将其转换为图形元件，如图8.8所示。

07 在"飞机"图层上添加一运动引导层，利用"线条工具" \ 在舞台上绘制一条直线，再使用"选择工具" ▶，将直线拖动成适合的弧线，如图8.9所示。

08 选择"飞机"图层，在第65帧、第130帧处插入关键帧，选择第65帧，将"飞机"图片拖动到楼房位置，相应放大，创建动画补间，如图8.10所示。

图8.5 导入素材

图8.6 "背景"图层

图8.7 "飞机"图层

图8.8 制作"飞机"

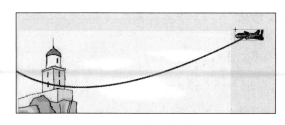

图8.9 添加引导线

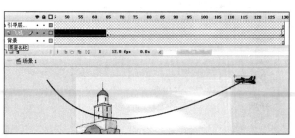

图8.10 创建补间动画

4. 声音的插入

01 执行"文件"/"导入"/"导入到库"命令，选择"单元八\案例一"文件夹下的"飞机声音.wav"素材，并单击"打开"按钮，如图8.11所示。

02 在引导层上插入一个新图层，并将其命名为"声音"。

图8.11 导入声音

03 选择"声音"图层，打开"属性"面板，单击"声音"下三角按钮，选择"飞机声音"，如图8.12所示。

04 这样，有声音的飞机飞行的动画就完成了，按下Ctrl+Enter组合键，预览动画。

图8.12 插入声音

案例二 导航按钮添加音效

案例目标 制作导航按钮并添加音效，实例效果如图8.13（光盘\素材\单元八\案例二\导航按钮.swf）所示。

案例说明 能比较网页的方式制作出相近的导航按钮，在按钮中添加声音的过程需注意添加声音的"帧"。

图8.13 效果图

技术要点
● 按钮的制作。
● 按钮中加入声音。
● 场景中按钮的应用。

图8.14 保存文档

图8.15 "属性"面板

□ 实现步骤

1. Flash文件的新建、保存

01 启动Flash CS3，新建一个空白文档。

02 执行"文件"/"保存"命令，在弹出的"另存为"对话框中选择动画保存的位置，输入文件名称"导航按钮.fla"，然后单击"保存"按钮，如图8.14所示。

2. 舞台设置

01 单击Flash界面下方的"属性"标签，展开"属性"面板，如图8.15所示。

02 在"属性"面板上，单击"文档属性"按钮，在弹出的"文档属性"对话框中设置舞台的宽为600像素，高为400像素，其余默认。完成后，单击"确定"按钮，如图8.16所示。

03 选择"文件"/"导入"/"导入到舞台"命令，选择"第八单元\案例二"文件夹下的"背景"素材，单击"打开"按钮，并使其相对于舞台水平居中、垂直居中。

3. 创建按钮

01 执行"插入"/"新建元件"命令，在"名称"文本框中输入"首页"，选择"按钮"类型，单击"确定"按钮，进入元件编辑区，如图8.17所示。

02 更改元件编辑区"图层1"名称为"背景"，利用矩形工具在舞台绘制一个填充颜色为蓝色，笔触颜色无，大小为100像素×35像素的圆角矩形，此时"弹起"帧自动转为关键帧，如图8.18所示。

03 选择该矩形，使其相对于舞台水平居中、垂直居中。

04 在文字层的"指针经过"帧、"按下"帧处按F6键插入关键帧，将文字的填充色分别更改为黄色、绿色。

05 在"背景"图层上插入新图层，改名为"文字"。

06 选择"文字"图层，利用"文本工具"，填充色为绿色，在"弹起"帧输入文字"首页"，并相对于舞台水平居中、垂直居中，如图8.19所示。

07 在文字层的"指针经过"帧、"按下"帧处按F6键插入关键帧，将文字的填充色分别更改为蓝色、红色。

08 在"文字"图层上方插入"声音"新图层，选择"文件"/"导入"/"导入到库"命令，选择"第八单元\案例二"文件夹中的所有声音素材，并单击"打开"按钮，如图8.20所示。

09 选择"声音"图层，并在"指针经过"、"按下"帧处插入关键帧。

10 选择"指针经过"帧，打开"属性"面板，在"声音"下拉列表框中选择"滑过"；选择"按下"帧，打开"属性"面板，在"声音"

图8.16　修改文档属性

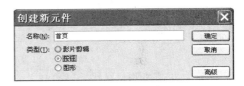

图8.17　创建新元件

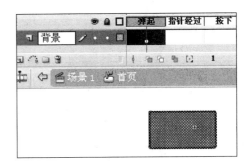

图8.18　编辑按钮

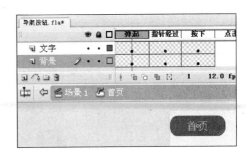

图8.19　制作按钮

图8.20 "库"面板

下拉列表框中选择"单击",如图8.21所示。

11 重复步骤1 ~ 10，分别制作"简介"、"招生"、"就业"、"联系"4个按钮。

12 按Ctrl+E组合键返回主场景中，执行"文件"/"保存"命令，按下Ctrl+Enter组合键，测试影片。

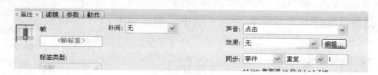

图8.21 插入声音

案例三 为短片配音

图8.22 效果图

■ **案例目标** 为短片配音，实例效果如图8.22（光盘\素材\单元八\案例三\为短片配音.swf）所示。

■ **案例说明** 一个简单的动画加入一定的音效，效果有显著的提升，而在制作MTV时，除了配声音之外，还要有相应的文字。本案例着重介绍声音和文字搭配的代码。

■ **技术要点**
● 导入或制作简单的短片。
● 短片中加入声音。
● 输入歌词，保证声音与歌词同步。

☐ 实现步骤

1. Flash文件的打开、保存

01 启动Flash CS3。

02 执行"文件"/"打开"命令，在弹出的"打开"对话框中选择"图片切换短片"动画，单击"打开"按钮，如图8.23所示，将帧频设置为10.0fps。

03 执行"文件"/"另存为"命令，将刚刚打开的动画文件保存为"为短片配音"flash源文件，如图8.24所示。

图8.23　打开文档 　　　　　　　　　图8.24　保存文档

2．导入声音

01 选择"文件"/"导入"/"导入到库"命令，在打开的"导入到库"对话框中选择"爱你一万年"mp3类型的文件，单击"打开"按钮，如图8.25所示。

02 设置"类"应用，如图8.26所示。

图8.25　导入声音 　　　　　　　　　图8.26　链接属性

3．插入as图层、动态文字

01 在图层15的上方新建图层，重新命名为as，如图8.27所示。

02 选择"文本工具"，在"属性"面板中"文本类型"下拉列表框中选择"动态文本"，如图8.28所示。

03 输入实例名称为myTxt，设置文字对齐方式为"居中对齐"，如图8.29所示。

图8.27　新建图层 　　　　图8.28　文本属性 　　　　图8.29　修改文本属性

4．输入脚本

01 选择第1帧，按F9键打开"动作"面板，输入如下动作。

```
var sy:song=new song();//定义mySound为声音对象
var disptxt:Array=new Array();
//定义数组，用于记录声音文件中人声出现的秒数
var txt:Array=new Array();//定义数组，记录文字
var ztwz:Number;//播放位置
var sykz:SoundChannel=new SoundChannel();
sykz=sy.play();
disptxt[0]=21;//以下为数组赋值，意思是在第几秒出现对应的文字
txt[0]="地球自转一次是一天";
disptxt[1]=28;
txt[1]="那是代表多想你一天";
disptxt[2]=36;
txt[2]="真善美的爱恋";
disptxt[3]=40;
txt[3]="没有极限";
disptxt[4]=43;
txt[4]="也没有缺陷";
disptxt[5]=49;
txt[5]="地球公转一次是一年";
disptxt[6]=55;
txt[6]="那是代表多爱你一年";
disptxt[7]=62;
txt[7]="恒久的地平线";
disptxt[8]=67;
txt[8]="和我的心";
disptxt[9]=70;
txt[9]="永不改变";
disptxt[10]=76;
txt[10]="爱你一万年";
disptxt[11]=82;
txt[11]="爱你经得起考验";
disptxt[12]=89;
txt[12]="飞越了时间的局限";
disptxt[13]=95;
txt[13]="拉近了地域的平面";
disptxt[14]=101;
txt[14]="紧紧的相连";
addEventListener(Event.ENTER_FRAME, zrgc)
function zrgc(event){
       //载入监听事件
  ztwz=Math.round(sykz.position/100)/10;
       for(var i=0;i<disptxt.length;i++){
//for循环，从0到数组disptxt的长度
       if(ztwz==disptxt[i]){
       //如果上面得到的playtime值与数组disptime中某个值相同
             myTxt.text=txt[i];
              //动态文本框myTxt显示对应的txt数组的值
       }
    }
}
```

02 执行"文件"/"保存"命令，按下Ctrl+Enter组合键，测试影片。

单 元 小 结

　　本单元主要介绍了声音的导入与处理。声音可以为动画渲染场景的氛围，增加动画的活泼性和生动性。要在动画里创建音效，首先应该将音频文件导入到动画中。这里要提醒大家，对声音的处理直接关系到动画文件的大小。在使用脚本处理声音的时候，要注意语句的书写规范及相应语句的应用。

单元实训

实训一　闹钟

【实训要求】

　　利用逐帧动画的制作方法，制作出闹钟动的影片剪辑。参考范例：实例\单元八\实训一\闹钟.swf。图8.30所示为效果图。

【技术要点】

　　注意逐帧动画的制作和声音的导入。

图8.30　闹钟效果图

【实训评价】

表8.1　项目评价表

检查内容	评分标准	分值	学生自评	老师评估
影片剪辑创建	会创建影片剪辑	20		
逐帧动画	能正确调整闹钟的左右摇摆	30		
声音的导入与使用	能正确导入和在帧中插入声音	50		

实训二　使用按钮控制声音

【实训要求】

　　制作影片"声音控制"，要求能通过按钮来控制声音的播放、暂停和停止，并且要求通过滑杆来控制音量。参考范例：实例\单元八\实训二\声音控制.swf。图8.31所示为效果图。

【技术要点】

　　通过按钮的单击事件来触发声音的控制命令。有关声音的控制方法可以参考Flash CS3的"帮助"文档。

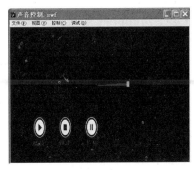

图8.31　效果图

【实训评价】

表8.2　项目评价表

检查内容	评分标准	分值	学生自评	老师评估
按钮的效果	制作的按钮是否正确、美观	20		
按钮的控制功能	按钮是否能起到控制声音的作用	40		
音量的控制	滑杆的拖动是否能调整音量	40		

9

单元九 广告制作

单元导读

　　商业动画、片头和广告是Flash动画中经常制作的实例。在制作的过程中经常会遇到这样那样的问题，在解决问题的时候会发现这个案例并不是那么难做，只是需要掌握基本动画的制作原理和方法，将其融会贯通即可达到自己需要的效果。

　　本单元就是综合基本动画的知识，制作出精美的Flash广告。

技能目标

- 培养大家的审美观念，知道实例怎么做才是科学的。
- 熟练掌握基本动画的原理和制作方法，要求速度要快，效果要好。
- 能运用基本动画的原理制作广告片。

案例一 ▍汽车广告

■案例目标　　制作汽车广告,实例
效果如图9.1(光盘\素材\单
元九\案例一\汽车广告.swf)
所示。

图9.1　汽车广告效果图

■案例说明　　遮罩层动画是Flash基
础动画中极为重要的一种。本案例就是利用遮罩层实现动画的制作方法。其中
颜色的搭配以及线条的绘制和套索工具的使用是大家必须掌握的知识。

■知识要点　　● 元件的制作。
　　　　　　● 套索工具的使用。
　　　　　　● 动画效果的设计。

▢实现步骤

图9.2　保存文档

图9.3　"属性"面板

图9.4　修改文档属性

1. Flash文件的新建、保存

01 启动Flash CS3,新建一个空白文档。

02 执行"文件"/"保存"命令,在弹出的"另存
为"对话框中选择动画保存的位置,输入文件名称"汽车广
告.fla",然后单击"保存"按钮,如图9.2所示。

2. Flash舞台背景的设置

01 单击Flash界面下方的"属性"标签,展开"属性"
面板,如图9.3所示。

02 在"属性"面板上,单击"文档属性"按钮,在
弹出的"文档属性"对话框中设置舞台的宽为550像素,高
为200像素。单击"背景颜色"的颜色块,在弹出的调色板
中将背景颜色值设置为深蓝色。完成后,单击"确定"按钮,
如图9.4所示。

3. 元件制作

01 选择"文件"/"导入"/"导入到库"命令,选择"单
元九\案例一"中的图片素材,并单击"打开"按钮,如图9.5
所示。

02 选择"插入"/"新建元件"命令，在弹出的"创建新元件"对话框中设置名称为"图1"，类型为"图形"，单击"确定"按钮，进入元件编辑区，如图9.6所示。

图9.5 导入素材　　　　　　　　　图9.6 新建元件

03 打开"库"面板，选择"汽车"位图，按住鼠标左键将其拖动到舞台工作区，并使其相对于舞台水平、垂直居中，如图9.7所示。

图9.7 插入位图

04 打开"图1"图形元件，选择汽车图片，按下Ctrl+F13组合键将其打散。利用"套索工具" ⌒ 选择汽车的车窗部分，并右击，在弹出的快捷菜单中选择"复制"命令，效果如图9.9所示。

图9.8 新建影片剪辑

图9.9 选择并复制车窗

05 新建"遮罩1"影片剪辑元件，如图9.8所示。

图9.10 粘贴车窗

图9.11 绘制光条

06 单击"确定"按钮进入元件的编辑窗口，将"图层1"重新命名为"汽车"。在元件编辑区右击，在弹出的快捷菜单中选择"粘贴到当前位置"命令，效果如图9.10所示。

07 新建影片剪辑并命名为"光条"，利用"矩形"工具在该影片的编辑区中绘制如图9.11所示的光条。

图9.12 放置光条

08 打开"遮罩1"影片剪辑元件，在"汽车"图层下方新建图层"光条"，将"光条"影片剪辑元件拖入该图层的第1帧，调整好大小，如图9.12所示，并在第10帧、第20帧处插入关键帧，将"汽车"图层的帧延续至第20帧。

09 选择"光条"图层中的第10帧和第20帧，调整"光条"影片剪辑元件至合适位置和大小。选择第1～100帧、第10～20帧中的任意一帧创建补间动画，效果如图9.13所示。

图9.13 创建补间动画

10 选择"汽车"图层，右击，在弹出的快捷菜单中选择"遮罩层"命令。

11 打开"图1"图形元件，利用"套索工具" 🔾 选择汽车的车灯部分，并右击，在弹出的快捷菜单中选择"复制"命令，新建"车灯"影片剪辑元件，进入元件编辑区，在"图层1"的第25帧处插入关键帧，在元件编辑区右击，在弹出的快捷菜单中选择"粘贴到当前位置"命令，效果如图9.14所示。

图9.14 车灯

图9.15 创建车灯图形

12 选择"车灯"形状，按F8键将其转换为"车灯1"图形元件，如图9.15所示。

13 打开"车灯"影片剪辑元件，在第40帧、第50帧、第55帧处分别插入关键帧，并制作成车灯闪烁的补间动画，效果如图9.16所示。

14 新建"遮罩2"影片剪辑元件，如图9.17所示。

15 打开"图1"图形元件，选择打散的汽车图片。利用"铅笔工具" ✐ 和"选择工具" ↖ 勾画出汽车轮廓部分，并右击，在弹出的快捷菜单中选择"复制"命令，如图9.18所示。

图9.16　编辑"车灯"影片剪辑

图9.17　创建影片剪辑"遮罩2"

图9.18　勾出汽车轮廓

16 打开"遮罩2"影片剪辑元件，在"图层1"的第10帧处插入关键帧，右击，在弹出的快捷菜单中选择"粘贴到当前位置"命令，如图9.19所示。

17 在"遮罩2"影片剪辑元件的"图层1"上方新建图层"光条"，并在第10帧处插入关键帧，将"光条"影片剪辑元件拖入该图层的第10帧，调整好大小，如图9.20所示，在第35帧处插入关键帧，将"图层1"延续至第35帧。

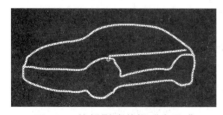

图9.19　编辑影片剪辑"遮罩2"

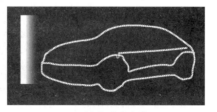

图9.20　创建"光条"图层

18 选择"光条"图层中的第10 ～ 35帧中的任意一帧创建补间动画。

19 选择"光条"图层，右击，在弹出的快捷菜单中选择"遮罩层"命令。

20 新建"星"影片剪辑元件，利用"椭圆工具"在舞台上绘制任意椭圆，如图9.21所示。

21 新建"星环"影片剪辑元件，如图9.22所示。

图9.21　创建影片剪辑元件"星"

图9.22　创建影片剪辑元件"星环"

图9.23　绘制形状

图9.24　编辑场景

22　进入舞台编辑区后，在"图层1"上方再插入5个图层。选择"图层6"，在第1帧绘制如图9.23所示的形状，并将帧延续至第35帧。

23　选择"图层1"，将制作的"星"影片剪辑拖入该图层的第1帧，并将其与绘制图形的开口右端对齐，如图9.24所示。在第35帧处插入关键帧，将"星"元件移动到绘制图形开口左端。将两处的"星"元件缩小10%。

24　在"图层2"、"图层3"、"图层4"、"图层5"中分别间隔5帧重复上述步骤，"星"元件的起始处也稍有间隔。帧状态如图9.25所示。

25　分别将图层1～5的第35帧的"星"元件的Alpha值设置为100%、75%、50%、25%、0%，并创建补间动画。设置"图层6"为引导层，图层1～5设置为被引导层。帧状态如图9.26所示。

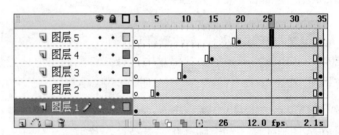

图9.25　图层效果

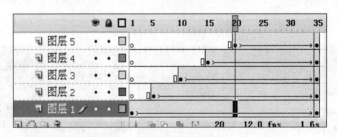

图9.26　帧状态

4．文字制作

01　新建"文字"影片剪辑，如图9.27所示。

02　利用"文本工具" **T** 在舞台第1帧输入文字，如图9.28所示。

03　在第45帧处插入关键帧，并在第1～45帧之间创建补间动画，并适当调整两个关键帧中文字的位置，将帧延续至第90帧。第一帧中的补间动画设置为"自定义缓入/缓出"，如图9.29所示。

图9.27 创建影片剪辑元件"文字"

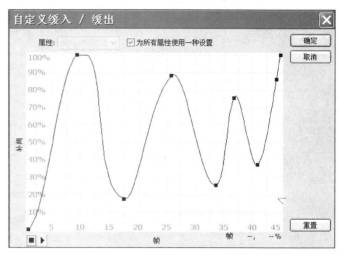

图9.29 编辑补间动画属性

图9.28 输入文字

5．场景制作

01 返回主场景中，改名"图层1"为"背景"，在该图层上方分别插入"遮罩1"、"车灯"、"遮罩2"、"星环"、"文字"图层，如图9.30所示。

02 打开"库"面板，分别将对应的影片剪辑拖入对应图层，但"星环"图层要多拖入几个元件，最终效果如图9.31所示。

03 执行"文件"／"保存"命令，然后按下Ctrl+Enter组合键，预览动画。

图9.30 图层效果

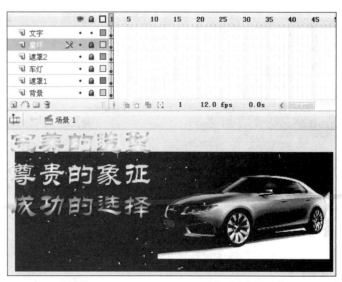

图9.31 最终效果

案例二 手机广告

■ **案例目标**　制作手机广告，实例效果如图9.32（光盘\素材\单元九\案例二\手机广告.swf）所示。

■ **案例说明**　在设计某一动画时，在自己的头脑中就应有该动画的基本设计理念。本案例引用影片剪辑来完成全部动画，在制作的过程中可能相对比较繁琐，但做完后会发现，原来多图层动画可以做出这样的东西，会感到很意外的，动手吧。

■ **技术要点**
● 元件的制作。
● 动画效果的设计。

图9.32　手机广告效果图

实现步骤

图9.33　保存文档

图9.34　修改填充颜色

1．Flash文件的新建、保存

01 启动Flash CS3，新建一个空白文档。

01 执行"文件"/"保存"命令，在弹出的"另存为"对话框中选择动画保存的位置，输入文件名称"手机广告.fla"，然后单击"保存"按钮，如图9.33所示。

2．Flash舞台背景的设置

01 设置文档的背景颜色为黑色，宽为400，高为600。再用"矩形工具" □拉出宽为400，高为600的矩形，填充颜色为线性，两个色标的颜色值分别设置为"#1F20A5"、"#000000"，如图9.34所示。

02 重新命名"图层1"为"背景"。

3．基本元件制作

01 创建"月亮"元件。建立一个影片剪辑，命名为"月亮"，用"椭圆工具" ○绘制出宽为114，高为114的正圆。选择"属性"面板中的"滤镜"，添加"发光"滤镜，模糊X为10，模糊Y为10，"强度"为100%，如图9.35所示。

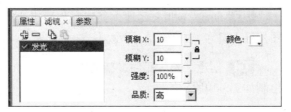

图9.35　添加滤镜及添加后效果

返回场景中，新建"图层2"，并重新命名为"月亮"，将制作好的"月亮"影片剪辑拖入场景的右上角。坐标为（114，89）。

02 创建"水波"元件。创建影片剪辑，命名为"水波"，用"椭圆工具"绘制出宽为253.6，高为253.6的正圆。填充"类型"为"放射状"，设置三个色标的颜色为 #FFFFFF，Alpha值分别为60%、40%和0%，如图9.36所示。

创建影片剪辑并命名为"水波2"，将"水波"影片剪辑拖入元件编辑区，在第20帧、第70帧处插入关键帧。选择第1帧，调整"水波"的大小，宽为126，高为126，调整属性Alpha为0%；第20帧不变；在第70帧调整"水波"的大小，宽为507，高为507，属性Alpha为0%。在第100帧处插入空白帧，在第1～20帧、第20～70帧之间创建补间动画，效果如图9.37所示。

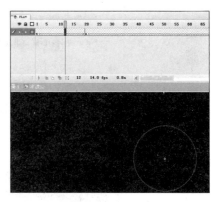

图9.36　创建影片剪辑元件"水波"　　　　图9.37　创建补间动画

创建影片剪辑并命名为"水波3"，在第5帧处插入关键帧，将影片剪辑中的中"水波"影片剪辑拖入元件编辑区，设置宽为126，高为25，坐标为（-6.3，3.9），颜色为"无"；在第100帧处插入空白帧。在"图层1"下方新建"图层2"，将"水波"影片剪辑拖入第1帧，调整大小，宽为182.6，高为3.9，坐标为（-6.3，3.9），颜色为"无"。在第100帧处插入空白帧，如图9.38所示。

图9.38　图层效果

03 创建"树叶"元件。新建影片剪辑"树叶",将文件中的"树叶"图片导入舞台,如图9.39所示。

04 创建"光"元件。新建影片剪辑"光",在"图层1"利用工具绘制如图9.40所示的图形。

图9.39 导入"树叶"图片　　　　图9.40 影片剪辑元件"光"

在"图层1"的下方插入"图层2",绘制如图9.41所示的图形。

分别在"图层1"、"图层2"的第60帧处插入关键帧,并在第1～60帧之间创建顺时针旋转1次的动画补间。

05 创建"光闪"元件。新建影片剪辑"光闪",选择"图层1"的第1帧,将刚刚创建的"光"影片剪辑拖入元件编辑区,在第20帧、第35帧处插入关键帧,分别将第1帧和第35帧中的"光"影片剪辑的Alpha值设置为0%,最后在第55帧处按下F5插入帧,如图9.42所示。

图9.41 绘制图形　　　　　　图9.42 创建"光闪"元件

4. "树叶1"元件制作

01 创建影片剪辑并命名为"树叶1",将"图层1"重新命名为"树叶",将制作的"树叶"元件拖入该图层第1帧,在第60帧处插入关键帧,然后在第65帧处插入关键帧,单击树叶,用"任意变形工具" 稍微向上拉动,如图9.43所示,延续帧至第540帧。

02 在"树叶"图层上方新建"水波"图层，在85帧处插入关键帧，将库中的"水波"影片剪辑拖入第85帧中，然后在第105帧、第155帧处插入关键帧。将第85帧中元件的Alpha值设置为0%，将第105帧中元件适当放大，将第155帧中元件的Alpha值设置为0%，并适当放大，效果如图9.44所示。

03 复制"水波"图层并将其粘贴在上一层，使帧向后延续20帧。

04 "水波"图层上方新建"水滴"图层，在第1帧利用"椭圆工具" 🔘 和"选择工具" ▶ 绘画出如图9.45所示的形状，其填充颜色为透明。

在第30帧、第31帧处插入关键帧，将绘制出的形状变化成如图9.46所示。

在第40帧、第50帧、第60帧、第61帧处插入关键帧，使上面的图形逐渐变成水滴形状，如图9.47所示。

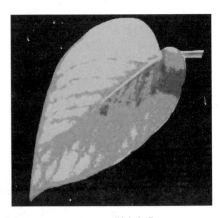

图9.43 "树叶1"

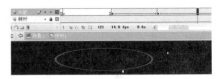

图9.44 "水波"

图9.45 绘制形状　图9.46 修改形状　图9.47 将形状修改为水滴形状

在第85帧处插入关键帧，并将水滴形状向下移动一段距离。

在第87帧处插入关键帧，将水滴形状变成如图9.48所示的形状。

在第90帧处插入关键帧，将水滴形状删除，再绘制如图9.49所示的形状。

在第94帧处插入关键帧，将水滴形状和位置进行如图9.50所示的变化。

在第98帧处插入关键帧，将水滴形状和位置进行如图9.51所示变化。

在第100帧处插入关键帧，将水滴形状进行变化。并在该层所有关键帧之间创建形状补间动画。

图9.48 修改水滴形状　　　图9.49 将水滴形状变成多个小水滴

图9.50 修改小水滴的形状、位置　图9.51 继续修改小水滴的形状、位置

05 在"水滴"图层上方新建"手机1"图层。在第85帧处插入关键帧，导入"手机1"图片。选择导入的图片，用"任意变形工具" ▓▓ 将手机翻转过来，并设置宽为40.3，高为86.3，坐标为（-77.7，424），同时设置Alpha值为0%，效果如图9.52所示。

在第150帧处插入关键帧，将"手机"拉到树叶上，调整合适大小，并设置Alpha值为100%，效果如图9.53所示。

图9.52　导入"手机1"图片并设置　　　图9.53　调整"手机"的大小及位置

在第404帧处插入空白帧，第405帧和第430帧处插入关键帧，设置第480帧中图片Alpha值为0%，在第85～150帧和第405～430帧之间创建补间动画，效果如图9.54所示。

06 在"手机1"图层上新建图层"光"。在第152帧处插入关键帧，将库中的"光"元件拖入该帧，并将其移至如图9.55所示位置，延续帧至第209帧。

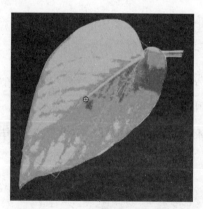 

图9.54　创建补间动画后的效果　　　图9.55　制作闪光效果

07 在"光"图层上新建"文字1"图层，在第155帧处插入关键帧，输入文字"主屏颜色：26万色"，在"颜色"下拉列表框中选择"色调"并设置为#00CC33，RGB值为（0，204，51）；调整大小，宽为217.8，高为31；坐标为（-599.1，-98.7），如图9.56所示。

图9.56　修改属性

在第174帧处插入关键帧，将文字移至坐标（15.4，-105.8）处，并在两个关键帧之间创建补间动画。

在第405帧、第430帧处插入关键帧，将第430帧中文字Alpha值设置为0%，两个关键帧之间创建补间动画，效果如图9.57所示。

08 在"文字1"图层上新建图层"文字2"，在174帧处插入关键帧，输入文字"主屏尺寸：2.4英寸"，调整大小，宽为217.8，高为31；坐标为（-606，-53.1），颜色色调设置为#00CC33，RGB值为（0，204，51），效果如图9.58所示。重复上述步骤，在第174～192帧和第405～430帧之间创建补间动画。

图9.57"文字1"效果　　　　图9.58"文字2"效果

09 在"文字2"图层上新建"手机2"图层，在第193帧处插入关键帧，将图片中的"手机2"拖入舞台。调整大小，宽为34.8，高为73；坐标为（-257，-296.1）；设置Alpha值为0%，效果如图9.59所示。

图9.59　"手机2"

在第223帧处插入关键帧，将手机拉动到下面，适当调整大小并设置Alpha值为100%。在两个关键帧之间创建补间动画，设置旋转"顺时针1次"，效果如图9.60所示。

在第405帧、第430帧处插入关键帧，在第430帧设置Alpha值为0%，在两个关键帧之间创建补间动画。

10 在"手机2"图层上新建图层"水波1"，在第223帧处插入关键帧，将库中的"水波"影片剪辑拖入舞台适当地调整大小。在第245帧处插入关键帧，选择"水波"元件，将其放大并设置Alpha值为0%。在两关键帧之间创建补间动画，

图9.60　"手机2"的属性修改后的效果

图9.61 创建"水波1"

图9.62 创建"水波2"

在第430帧处插入空白帧,最终"水波1"效果如图9.61所示。

11 在"水波1"图层上新建图层"水波2",在第225帧处插入关键帧,重复步骤8,效果如图9.62所示。

12 在"水波2"图层上新建图层"文字3",在第250帧处插入关键帧,输入文字"主屏材质:TFT",调整文字大小宽为225.3,高为36;坐标为(-564.3,38.6);设置Alpha值为0%,效果如图9.63所示。

图9.63 "文字3"效果

在第270帧处插入关键帧,按下Shift键将文字水平拉动,设置Alpha值为100%,颜色色调设置为#00CC33,RGB值为(0,204,51),在两关键帧之间创建补间动画,效果如图9.64所示。

在第405帧、第430帧处插入关键帧,在第430帧设置Alpha值为0%,在两个关键帧之间创建补间动画。

13 在"文字3"图层上新建图层"文字4",在第272帧输入文字"产品尺寸:109×50×29(mm)",重复步骤12,效果如图9.65所示。

图9.64 创建补间动画的效果

图9.65 制作"文字4"

14 在"文字4"图层上新建图层"手机3",在第296帧处插入关键帧,导入图片中的"手机3",调整合适大小,设置Alpha值为0%。在第324帧处插入关键帧,将其放大,设置Alpha值为100%,创建补间动画,效果如图9.66所示。

在第405帧、第430帧处插入关键帧,在第430帧设置Alpha值为0%,在两个关键帧之间创建补间动画。

15 在"手机3"图层上新建图层"文字5",在第324帧处插入关键帧,输入文字"摄像头像素:300万像素",在第346帧处插入关键帧,重复步骤12,效果如图9.67所示。

16 在"文字5"图层上新建"文字6"图层,在第346帧处插入关键帧,输入文字"摄像头材质:CCD",在第366帧处插入关键帧,重复步骤12,效果如图9.68所示。

17 在"文字6"图层上新建"光1"图层,在第324帧处插入关键帧,将库中的"光闪"影片剪辑拖入舞台,并放置在如图9.69所示位置。延续帧至345帧。

图9.67 "文字5"效果

图9.68 "文字6"效果

图9.66 "手机3"效果　　　　图9.68 "文字6"效果　　　　图9.69 新建"光1"图层

18 在"光1"图层上新建图层"文字7",在第43帧处插入关键帧,导入图片中的"标志",输入文字"夏普V903H",如图9.70所示。

图9.70 "文字7"效果

设置Alpha值为0%,效果如图9.71所示。

在第463帧处插入关键帧并适当调整大小,设置Alpha值为100%,文字颜色色调设置为#00CC33,RGB值为(0,204,51),在两关键帧之间创建补间动画。延续帧至第540帧。

图9.71 设置Alpha值为0%的效果

19 在"文字7"图层上新建"文字8"图层,在第463帧处插入关键帧输入文字"Vadafone by SHARP",重复步骤18,效果如图9.72所示。

图9.72 "文字8"效果

5.场景使用

01 返回主场景,新建"树叶滴水"图层,将"树叶1"影片剪辑拖入第1帧,效果如图9.73所示。

02 执行"文件"/"保存"命令,按下Ctrl+Enter组合键,预览动画。

图9.73 场景效果

▌单元小结

本单元主要介绍了利用基本动画制作广告的方法与技巧，根据有效的命令和工具，并学习通过不同的产品图片、广告语以及介绍文字给观众一定的视觉冲击，制作出精美的广告。

═══ 单元实训 ═══

实训一 还你颜色

【实训要求】

学会利用引导层动画来引导文字，并能进行相关设置。参考范例：实例\单元九\实训一\还你颜色.swf。图9.74所示为效果图。

【技术要点】

注意文字按引导线运动，并形成一定的引导效果。注意文字的淡入淡出效果的制作。

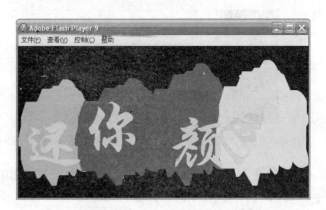

图9.74 还你颜色效果图

【实训评价】

表9.1 项目评价表

检查内容	评分标准	分值	学生自评	老师评估
元件创建	能创建相应元件	20		
引导动画的制作	能正确制作文字按引导线运动	50		
文字淡入淡出效果	文字能实现淡入淡出	30		

实训二 珠宝广告

【实训要求】

利用直线运动、影片剪辑等制作方法，制作出图、文连动的效果。参考范例：实例\单元九\实训二\珠宝.swf。图9.75所示为效果图。

【技术要点】

注意图片导入后制作成元件的方法，其

图9.75 珠宝广告效果图

中利用分离命令后怎么进行更改？注意星星影片剪辑的摆放位置。

【实训评价】

表9.2　项目评价表

检查内容	评分标准	分值	学生自评	老师评估
元件制作	能创建出相应元件	30		
各元件的放置位置	能正确在各图层中放置相应的元件	50		
文字动画	文字运动	20		

实训三　运动鞋广告

【实训要求】

制作运动鞋宣传广告。参考范例：实例
\单元九\实训三\运动鞋广告.swf。图9.76所
示为效果图。

图9.76　效果图

【技术要点】

制作背景的时候大家需注意颜色的设
置、搭配。在插入声音的时候应注意声音的时间，从而达到最佳效果。

【实训评价】

表9.3　项目评价表

检查内容	评分标准	分值	学生自评	老师评估
元件制作	能创建出相应元件	30		
各元件的放置位置	能正确在各图层中放置相应的元件	50		
文字动画	文字运动	20		

读书笔记

10

单元十　动画片制作

单元导读

　　Flash动画片在网络上盛行已久，精彩的Flash动画吸引了无数的动画迷。已经成为网络动画中坚力量的Flash动画片，又悄悄地将其势力范围延伸到了影视行业。

　　本单元通过故事片《高空抛物》的制作过程，讲解了Flash动画片的创作流程、方法和技巧。主要内容包括Flash动画片的制作流程、故事脚本的编写、分镜头的设计、角色设计、场景设计、动作设计、动画片的制作与合成等。

技能目标

- 懂得制作动画片的流程。
- 学会编写脚本和设计分镜头。
- 学会角色、场景设计和人物动作设计。
- 掌握制作与合成动画片的方法与技巧。
- 掌握影片后期处理的方法与技巧。

案例一　脚本编写

案例目标　编写动画片《高空抛物》的脚本。

实例效果：光盘\素材\单元十\案例一\《高空抛物》脚本.doc。

案例说明　本案例通过编写动画片《高空抛物》的脚本，讲解了如何编写动画片的脚本，并介绍了动画片的制作流程。

技术要点
● 制作动画片的流程。
● 故事脚本的编写。

实现步骤

1. 创意与构思

小贴士

　动画片的制作流程一般分为前期制作、中期制作和后期制作。前期制作包括前期策划、脚本编写、分镜头设计等，中期制作包括录制、声音、角色设计、背景设计、动作设计、制作与合成等，后期制作包括添加音效和发布动画等。制作流程如图10.1所示。

动画片《高空抛物》以安全、文明为主题，讲述了一男子因高空抛物伤人而入牢的故事。

该动画片采用幽默风趣的手法描述一个好吃懒做、不爱卫生、乱扔垃圾的男子，因为把垃圾扔到窗外伤到路人而被捕入狱，通过该故事来传达"珍爱生命，讲文明，爱卫生"的主题。

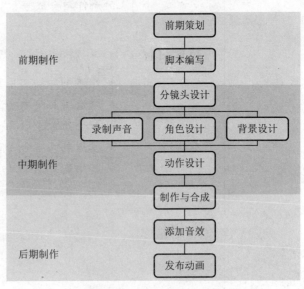

图10.1　动画片的制作流程

2. 编写脚本

故事的主题和构思确定之后，便可以开始编写脚本了。脚本的编写必须紧紧围绕故事的主题和构思。故事片《高空抛物》的脚本如表10.1所示。

表10.1 《高空抛物》脚本

片名	高空抛物
故事情节	故事发生在某天早上。路上行人匆匆，街边的某栋房子里面，一个中年男子正在一边吃零食一边看电视，桌子上堆满了零食，而地板上却堆满了垃圾。该男子还不断地将吃剩的垃圾顺手就往窗外扔。此时，从窗外传来了"砰砰"声和某人的尖叫声，该男子并没有理会。窗外紧接着传来了救护车的声音，该男子还是没有理会，继续吃零食，还照样将垃圾往窗外扔。不一会儿，门外传来了急速的敲门声，突然，门被推开了，一个警察拿着手铐冲了进来，该男子吓得目瞪口呆，不知如何是好。最后，该男子被送进了监狱，他追悔莫及，哗哗的眼泪直往下流

拓展提高

为了让脚本更清晰，更容易理解，还可以按照以下方法来编写脚本，如表10.2所示。

表10.2 《高空抛物》脚本2

片名	高空抛物
镜头1	路上行人匆匆（小孩与老婆婆），汽车疾驰而过，垃圾从楼上掉下
镜头2	中年男子一边吃零食一边看电视
镜头3	男子将垃圾往窗外扔，窗外传来"砰砰"声、尖叫声，救护车的声音，男子没有理会，照样将垃圾往窗外扔
镜头4	门外传来敲门声，男子吓一跳，门被推开了，警察拿着手铐冲了进来
镜头5	男子吓得目瞪口呆
镜头6	男子进了监狱，追悔莫及，眼泪直流

案例二 分镜头设计

■ 案例目标　　设计动画片《高空抛物》的分镜头脚本。

　　　　　　　　实例效果：光盘\素材\单元十\案例二\动画片《高空抛物》分镜头脚本.doc。

■ 案例说明　　该案例讲述了如何根据动画片《高空抛物》的脚本来编写分镜头剧本。

■ 技术要点　　● 分镜头设计。

实现步骤

　　分镜头设计是完成动画故事从文字分镜头到画面分镜头转化的过

一部动画片是由多个分镜头拼接而成，分镜头是动画片最基本的单位。分镜头设计是动画片制作的一个重要步骤，主要内容包括：镜号、景别、分镜头草图、内容、镜头长度和音效等。

分镜头草图可以画在统一规格的纸上，也可以直接在Flash里绘制。画在纸上的分镜头草图需经过扫描后，才可以在Flash里进行描线及上色，而直接在Flash里绘制则不需要经过这个步骤，但却要求作者具有出色的Flash绘画技能。

程。画面分镜头把整个故事细分成一个一个的画面来描述，它决定了动画的叙事风格和整体效果。

本案例采用了在纸上绘制分镜头草图的方法。分镜头设计如表10.3至表10.5所示。

表10.3 《高空抛物》分镜头脚本（一）

镜号：A01　　　　秒数：7	镜号：A02　　　　秒数：2
景别：远景	景别：全景
内容：路上行人匆匆（小孩与老婆婆），汽车疾驰而过，垃圾从楼上掉下	内容：中年男子一边吃零食一边看电视，桌子堆满零食，地板堆满了垃圾
音效：轻快的背景音乐、脚步声、汽车声	音效：电视发出的声音、吃东西的声音

表10.4 《高空抛物》分镜头脚本（二）

镜号：A03　　　　秒数：9	镜号：A04　　　　秒数：6
景别：中景	景别：全景
内容：男子将垃圾往窗外扔，窗外传来"砰砰"声、尖叫声、救护车的声音，男子没有理会，照样将垃圾往窗外扔	内容：门外传来敲门声，男子吓呆了，门给推开了，警察拿着手铐冲了进来
音效：电视发出的声音、吃东西的声音、"砰砰"声、尖叫声、救护车的声音	音效：敲门声

表10.5　《高空抛物》分镜头脚本（三）

镜号：A05	秒数：4	镜号：A06	秒数：5
景别：中景		景别：近景	
内容：男子吓得目瞪口呆		内容：男子进了监狱，追悔莫及，眼泪直流	
音效：惊叫声		音效：哭声	

拓展提高

本案例的分镜头草图是绘制在纸上。熟悉Flash绘画的读者可以尝试在Flash软件里面直接绘制，这样就可以节省一定的步骤和时间。

案例三　角色设计

■ **案例目标**　　设计动画片《高空抛物》的角色，如图10.2所示。

实例效果：光盘\素材\单元十\案例三\角色设计.swf。

图10.2　效果图

■ **案例说明**　　该案例展示了动画片《高空抛物》的角色设计的过程。

■ **技术要点**　　● 角色设计的方法与步骤。

　　　　　　　　● 勾线、上色的方法与技巧。

实现步骤

有了故事的脚本和分镜头脚本之后就可以开始角色设计了。本案例

小贴士

Flash影片默认的帧频是12fps，这个帧频适合在网络上播放，但是如果在电视上播出的话，则会出现停顿现象。因为我国电视采用了PAL制，即每秒25幅画面，所以，Flash动画片的帧频设为25 fps的话就可以在网络和电视上流畅地播放。

的角色有小孩、老婆婆、中年男子和警察等。

1. 新建文档

启动Flash CS3，新建一个空白文档，执行"修改"/"文档"命令，在弹出的"文档属性"对话框中设置文档的属性，如图10.3所示。

图10.3　文档属性

2. 绘制"小孩"

01 绘制"小孩"草图，如图10.4所示。

02 使用扫描仪将"小孩"草图扫入电脑，并存储为"小孩草图.jpg"。

03 执行"插入"/"新建元件"命令，新建一个图形元件，如图10.5所示。单击"确定"按钮，进入该元件的编辑界面。

图10.4　"小孩"草图　　　　图10.5　新建元件"小孩"

04 导入草图。将图层1重命名为"草图"，执行"文件"/"导入"/"导入到舞台"命令，从配套光盘"光盘\素材\单元十\案例三"中导入"小孩草图.jpg"文件，并调整图片的大小和位置，然后锁定该图层，如图10.6所示。

05 勾出头部。新建一个图层，并命名为"头部"。参照草图，在舞台上使用工具箱中的"线条工具" \ 和"选择工具" ▶ ，使用红线勾出小孩的头部，如图10.7所示。

图10.6 "草图"图层　　图10.7 勾出头部

06 勾出明暗交界线。为了突出画面的立体感，使用蓝线勾出小孩头部的明暗交界线，如图10.8所示。

07 上色。单击工具箱中的"颜料桶工具" ♦ ，为"头部"上色，颜色的设置和效果如图10.9所示。

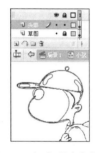
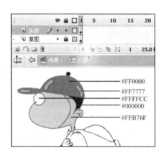

#FF0000
#FF7777
#FFFFCC
#000000
#FFB76F

图10.8 勾出明暗交界线　　图10.9 上色

08 删除明暗交界线（蓝线），如图10.10所示，接着单击"头部"图层第1帧，选中头部后单击"笔触颜色"按钮 ✎ 将红线改为黑线，如图10.11所示。

09 转换为元件。执行"修改"/"转换为元件"命令，将小孩头部转换为图形元件，并命名为"小孩头部"，如图10.12所示。

图10.10 删除明暗交界线　　图10.11 改为黑线

小贴士

在设计角色时，通常将身体的各部分分别转换为元件，这样做有两个好处：第一，当需要改变角色某部位的颜色时，只需要改变该部位相对应的元件的颜色即可，而不需要在所有使用到该元件的地方一一修改；第二，方便制作角色身体各部分的动画。

图10.12　转化为元件

10 以相同的方法，分别制作图形元件"小孩书包"、"小孩上身"、"小孩手"和"小孩脚"等。各元件的颜色设置如图10.13所示。

至此，图形元件"小孩"已绘制完成，将图层"草图"删除并调整各图层的顺序，完成后的图层和库如图10.14所示。

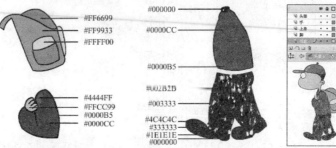

图10.13　"小孩"分解图及颜色设置

图10.14　最终效果

3. 绘制"婆婆"

01 从配套光盘"光盘\素材\单元十\案例三"中导入"婆婆草图.jpg"，草图如图10.15（a）所示。

02 根据绘制"小孩"的方法，绘制图形元件"婆婆"，该元件的各部分组成和颜色设置如图10.15（b）和图10.15（c）所示。

03 制作完成后，"婆婆"元件的图层和元件库如图10.16所示。

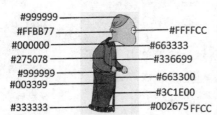

图10.15　"婆婆"元件

图10.16　"婆婆"最终效果

4. 绘制"中年男子"

01 从配套光盘"光盘\素材\单元十\案例三"中导入"男子侧面.jpg"，草图如图10.17（a）所示。

02 绘制"男子侧面"元件。该元件的颜色设置和各部分组成如图10.17（b）和图10.17（c）所示。

03 制作完成后，"男子侧面"元件的图层和元件库如图10.18所示。

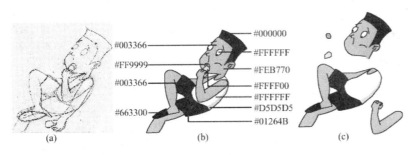

图10.17 "男子侧面"分解图与颜色设置　　　　图10.18 "男子侧面"最终效果

小贴士

绘制人物时，不需要制作动画的部位可以作为一个元件处理，而不需要将身体的所有部位都转化为单独的元件。如元件"男子侧面"需要制作的是吃东西的动画，故只需要将头、嘴巴、手分别作为单独的元件，其他部位可以作为一个元件处理，以减少工作量。

04 绘制"男子正面"元件。该元件的草图及各部分的分解如图10.19所示。制作完成后，该元件的图层和元件库如图10.20所示。

图10.19 "男子正面"草图及分解图　　　　图10.20 "男子正面"最终效果

05 绘制"男子惊恐"元件。该元件的草图如图10.21所示，分解图和最终效果如图10.22所示。

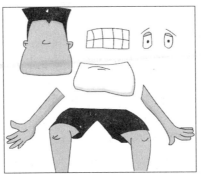

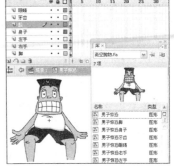

图10.21 "男子惊恐"草图　　　　图10.22 "男子惊恐"分解图及最终效果图

06 绘制"男子哭泣"元件。该元件的草图、分解图和最终效果如图10.23所示。

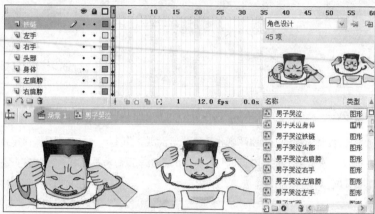

图10.23 "男子哭泣"草图、分解图和最终效果

5. 绘制"警察"

01 绘制"警察正面"元件。该元件的草图、分解图及颜色设置如图10.24所示。

02 绘制"警察侧面"元件。该元件的草图、效果图如图10.25所示。

图10.24 "警察正面"草图、分解图及颜色设置   图10.25 "警察侧面"草图、效果图

至此,动画片《高空抛物》中的角色设计已经完成,执行"文件"/"保存"命令保存Flash文档,并将文档命名为"角色设计.fla"。

拓展提高

熟悉Flash绘画的读者,可以尝试直接在Flash上绘制角色。

案例四 场景设计

案例目标 设计动画片《高空抛物》的场景，如图10.26所示。

实例效果：光盘\素材\单元十\案例四\场景设计.swf。

图10.26 《高空抛物》场景效果图

案例说明 该案例展示了动画片《高空抛物》的场景设计的过程。

技术要点 ● 场景设计的方法与步骤。

● 勾线、上色的方法与技巧。

实现步骤

1. 新建文档

启动Flash CS3，新建一个空白文档，执行"修改"/"文档"命令，在弹出的"文档属性"对话框中设置文档的属性，如图10.27所示。

2. 绘制镜头A01背景图

01 执行"插入"/"新元件"命令，在弹出的"创建新元件"对话框中选择"图形"类型并命名为"镜头A01背景"，如图10.28所示。

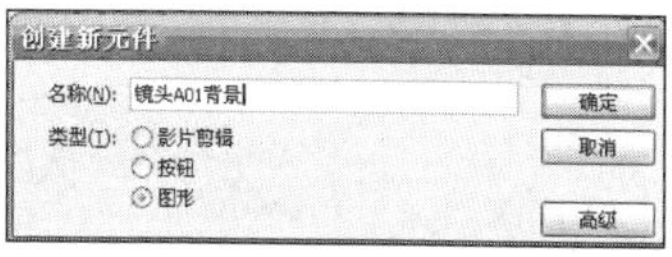

02 单击"图层1"的第1帧，执行"文件"/"导入"/"导入到舞台"命令，选择本案例的素材"镜头A01草图.jpg"并导入，适当调整草图的大小与位置，效果如图10.29所示。

03 在"图层1"的第2帧处按下F7键插入空白关键帧，单击时间轴下方的工具"绘图纸外观" 📄，然后使用工具箱中的"选择工具" ▶ 和"线条工具" ＼ 对照着草图进行勾线（可以适当地进行调整），完成后如图10.30所示。

04 使用工具箱中的"颜料桶工具" 🪣 对线稿进行填充颜色，完成后如图10.31所示；接着使用工具箱中的"选择工具" ▶ 和"线条工具" ＼ 勾出背景的明暗交界线，如图10.32所示。

图10.27 文档属性

图10.28 创建新元件

图10.29 镜头A01草图

图10.30　镜头A01线稿

图10.31　上基本色

图10.32　勾出明暗交界线

05 使用工具箱中的"颜料桶工具" 对背景的阴影进行填充颜色，完成后如图10.33所示；接着删除背景中的明暗交界线，如图10.34所示。

06 在"图层1"的第1帧处右击，在弹出的快捷菜单中选择"删除帧"命令将镜头A01的草图删除。至此，镜头A01的背景图已绘制完成。

> **小贴士**
>
> 　　背景的绘制与角色的绘制方法相似，但是不需要将背景的各组成元素一一元件化，因为背景内各组成元素在大多数情况下都是静态的，故只需要将静态的背景图转化为一个图形元件即可。

图10.33　填充阴影

图10.34　最终效果

3. 绘制其他镜头的背景图

01* 绘制镜头A02背景图。绘制方法与绘制镜头A01背景图的方法相同。绘制过程如图10.35所示，由于该场景需要描述垃圾满地的效果，故可以在背景内增加一些垃圾的图片，所需的素材从本案例的素材中导入即可，完成后转化为图形元件"镜头A02背景"。

（a）草图

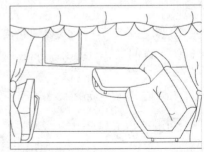

（b）线稿

图10.35　镜头A02绘制过程

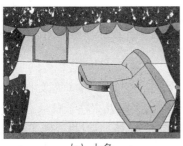

（c）上色 （d）最终效果

图10.35 镜头A02绘制过程（续）

02 绘制镜头A03背景图。绘制方法与绘制镜头A01背景图的方法相同，绘制过程如图10.36所示，完成后转化为图形元件"镜头A03背景"。

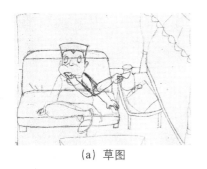

（a）草图 （b）线稿 （c）最终效果

图10.36 镜头A03绘制过程

03 绘制镜头A04背景图。绘制方法与绘制镜头A01背景图的方法相同，绘制过程如图10.37所示，完成后转化为图形元件"镜头A04背景"。

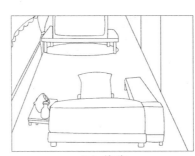

（a）草稿 （b）线稿

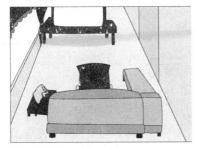
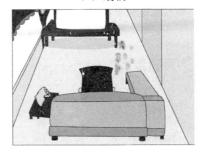

（c）上色 （d）最终效果

图10.37 镜头A04绘制过程

图10.38　镜头A06草图

04 绘制镜头A05背景图。镜头A05的背景与镜头A03的背景相同，故无需重复绘制，直接使用镜头A03的背景图即可。

05 绘制镜头A06背景图。镜头A06的草图如图10.38所示。由于背景图非常简单，只需要画几根柱子表示监狱即可，故无需绘制成图形元件，待制作合成动画时再处理即可。

至此，动画片《高空抛物》的所有背景图都已经绘制完成，执行"文件"/"保存"命令保存Flash文档，并将文档命名为"场景设计.fla"。

拓展提高

熟悉Flash绘画的读者，可以尝试直接在Flash上绘制场景，还可以根据场景光线的方向和强弱，在绘制场景时将物体的亮部和暗部勾画清楚，或者绘制出物体的阴影以增强画面的立体感，这样就可以让场景更细腻、更真实。

案例五　动作设计

案例目标　设计动画片《高空抛物》中人物的动作并制作动画，如图10.39所示。
实例效果：光盘\素材\单元十\案例五\动作设计.swf。

图10.39　《高空抛物》动作效果图

案例说明　该案例讲述了如何在角色的基础上制作角色的动作动画。

技术要点
● 利用补间动画制作人物的动作动画。
● 利用逐帧动画制作人物的动作动画。

实现步骤

1. 新建文档

启动Flash CS3，打开"案例三"制作完成的文档"角色设计.fla"，执行"文件"/"另存为"命令，在弹出的对话框中将文档命名为"动作设计.fla"并单击"保存"按钮。

2．制作"小孩"的走路动画

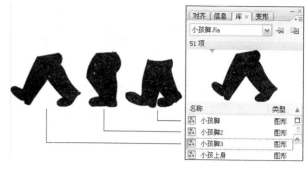

图10.40　小孩走路姿势

01 由于走路由多个动作组成，所以还需要绘制"小孩"的另外两个走路姿势，并分别转换为图形元件，命名为"小孩脚2"和"小孩脚3"，如图10.40所示。

02 打开"库"面板，双击图形元件"小孩"，打开元件"小孩"的编辑窗口，分别在各图层的第20帧处按下F5键插入帧，如图10.41所示。

03 在"脚"图层第6帧、第11帧处按下F7键插入空白关键帧，分别将"库"中的图形元件"小孩脚2"和"小孩脚3"拖入舞台，并适当调整该元件的大小和位置，此时，可以按下"绘图纸外观"按钮 ，以查看前后帧的内容，如图10.42所示。

图10.41　插入帧

图10.42　"脚"图层

04 复制"脚"图层第6帧，在第15帧处粘贴，如图10.43所示。

05 为了让走路动作更自然，分别在"头部"、"手"、"上身"和"书包"图层的第10帧处按下F6键插入关键帧，并将该帧的内容往下移动一个像素，使走路动作产生上下抖动的效果，如图10.44所示。

图10.43　粘贴帧

图10.44　插入关键帧

3．制作"婆婆"的走路动画

01 打开"库"面板，双击图形元件"婆婆"，打开元件"婆婆"的编辑窗口，制作"右手"的摆动动作，对图层"右手"进行操作。

02 单击工具箱中的"任意变形工具"按钮，将"右手"元件的中心位置移至"肩膀"处，然后在第10帧处按下F6键插入关键帧，将元件按逆时针方向旋转一个小角度，接着复制第1帧，在第20帧处粘贴，制作过程如图10.45所示。

第1帧调整前　第1帧调整后　第10帧旋转后　第20帧与第1帧相同

图10.45　制作过程

03 分别在第1帧、第10帧处右击，选择"创建补间动画"命令，并设置动画属性栏的"缓动"为−100，完成后图层效果如图10.46所示。

04 同理，为"婆婆"元件的其他图层制作动画，完成后的图层效果如图10.47所示。值得注意的是，两个手的动作和两个脚的动作，运动方向是相反的，不能做成"同手同脚"的运动。

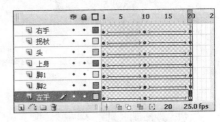

图10.46　"右手"图层效果　　　　图10.47　所有图层效果

05 "婆婆"走路动画的最终效果如图10.48所示。

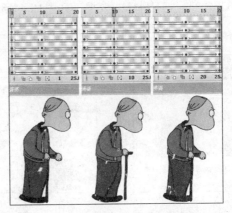

图10.48　最终效果

4. 制作"男子（侧面）吃东西"的动画

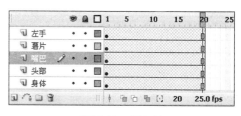

01 打开"库"面板，双击图形元件"男子侧面"，打开元件"男子侧面"的编辑窗口，制作男子吃东西的动画。首先，在各图层的第20帧处按下F5键插入帧，如图10.49所示。

图10.49　插入帧

02 在"左手"图层的第10帧处按下F7键插入空白关键帧，然后绘制如图10.50所示的"左手"。

03 在"薯片"图层的第10帧处按下F6键插入关键帧，然后将"薯片"的位置从嘴边移到左手手心处，完成后的效果如图10.51所示。

图10.50　绘制"左手"

图10.51　移动薯片位置

04 在"嘴巴"图层的第10帧处按下F7键插入空白关键帧，然后绘制吃东西样子的嘴巴，接着分别在第14帧、第18帧处按下F6键插入关键帧，如图10.52所示。

05 接着在"嘴巴"图层的第12帧、第16帧处按下F7键插入空白关键帧，然后再绘制另外一个形状的嘴巴，完成后如图10.53所示。

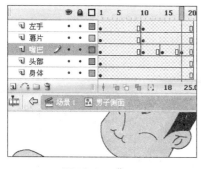

图10.52　嘴巴1

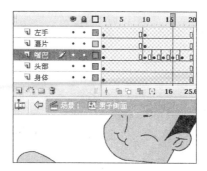

图10.53　嘴巴2

至此，"男子侧面"的吃东西动画已制作完成。

5. 制作"男子（正面）吃东西"的动画

01 打开"库"面板，双击图形元件"男子正面"，打开元件"男子正面"的编辑窗口，制作男子正面吃东西的动画。

02 在各个图层第30帧处按下F5键插入帧，在"左手"图层第10帧处按下F7键插入空白关键帧。新建图层，命名为"左手2"，并在该图层第10帧处按下F7键插入空白关键帧，绘制左手扔东西的动作，并转换为图形元件"男子正面左手扔"，如图10.54所示。

03 接着在第20帧处按下F7键插入空白关键帧，绘制左手拿东西的动作，并转换为图形元件"男子正面左手拿"，如图10.55所示。

图10.54　绘制扔东西动作

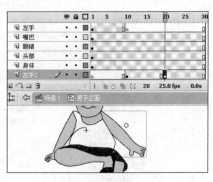

图10.55　绘制拿东西动作

图10.56　嘴巴动作图层

04 制作嘴巴动作。双击"男子正面嘴巴"元件，进入该元件的编辑窗口，分别在第5帧、第8帧、第11帧、第14帧、第17帧、第20帧处按F6键插入关键帧，编辑嘴巴的形状，制作嘴巴吃东西的动画，完成后如图10.56所示。

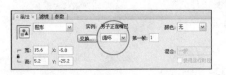

图10.57　设置图形元件属性

05 为了让图形元件"男子正面嘴巴"能循环地播放，还需要设置该元件的"图形选项"属性为"循环"，如图10.57所示。

至此，"男子正面"吃东西的动画已制作完成。

6. 制作"男子惊恐"的动画

01 打开"库"面板，双击图形元件"男子惊恐"，打开元件"男子惊恐"的编辑窗口，制作男子惊恐的动画。

02 选择"右手"图层，将右手的中心位置移至右上角，如图10.58所示。选择"左手"图层，将左手的中心位置移至左上角，如图10.59所示。

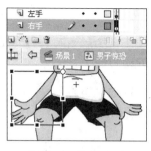

图10.58　旋转右手

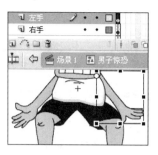

图10.59　旋转左手

03 分别在"眼睛"、"牙齿"、"脸"、"左手"和"右手"图层第3帧和第5帧处按下F6键插入关键帧，分别在"身子"和"脚"图层第5帧处按下F5键插入帧，如图10.60所示。

图10.60　图层信息

04 对各图层的第3帧操作。将眼睛向上移动2个像素，脸向上移动1个像素，右手顺时针旋转5度，左手逆时针旋转5度，牙齿元件等比例放大至110%，如图10.61所示。

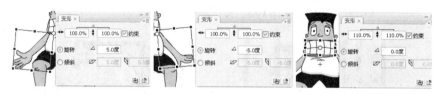

图10.61　调整关键帧

05 创建补间动画。分别在"眼睛"、"牙齿"、"脸"、"左手"和"右手"等图层的第1帧和第3帧处创建补间动画，并设置动画属性，如图10.62所示。

图10.62　动画属性

06 至此，"男子惊恐"动画已制作完成，完成后的图层及最终效果如图10.63所示。

图10.63　图层及最终效果

图10.64 绘制栏杆

图10.65 调整元件的中心位置

图10.66 旋转手臂和肩膀

7. 制作"男子哭泣"的动画

01 打开"库"面板，双击图形元件"男子哭泣"，打开元件"男子哭泣"的编辑窗口，制作男子哭泣的动画。

02 新建图层"栏杆"，并置于"铁链"层的上方，在该图层的第1帧绘制监狱的栏杆，效果如图10.64所示。

03 使用工具箱中的"任意变形工具" ，分别调整人物手臂和肩膀的中心位置，如图10.65所示。

04 分别在所有图层的第3帧和第5帧处按下F6键插入关键帧，然后选择人物手臂和肩膀所在图层，使用工具箱中的"任意变形工具" 旋转人物的手臂和肩膀，左手和左肩膀逆时针旋转，右手和右肩膀顺时针旋转，制作一个手臂向上提的动画，如图10.66所示。

05 这时，发现栏杆和铁链的位置形状已经不符合了，故需调整栏杆和铁链的形状，并将人物的头部往下移动一点，以配合人物的动作。调整后的效果如图10.67所示。

图10.67 调整栏杆、铁链及头部

图10.68 第1帧眼泪位置

06 新建图层"左眼泪"和"右眼泪"，分别在这两个图层上绘制两条眼泪，并转化为图形元件，如图10.68所示。分别在这两个图层的第10帧处按下F6键插入关键帧，将两条眼泪往下移动到合适位置，如图10.69所示。

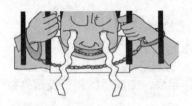

图10.69 第10帧眼泪位置

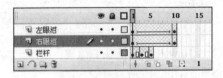

图10.70 时间轴

07 分别在"左眼泪"和"右眼泪"图层的第1帧处右击，选择"创建补间动画"命令，完成后的时间轴效果如图10.70所示。

08 新建图层"遮罩左"和"遮罩右"，并分别置于"左眼泪"图层和"右眼泪"图层的上方，分别在这两个图层中绘制两个四边形，如图10.71所示。

09 分别在这两个图层处右击，在弹出的快捷菜单中选择"遮罩层"命令，完成后的时间轴效果如图10.72所示。

10 在图形元件"男子哭泣"的所有图层的第10帧处按下F5键插入帧，男子哭泣的动画制作完成。

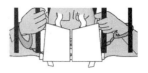

图10.71　遮罩层

至此，动画片《高空抛物》的所有动作设计都已经完成，执行"文件"/"保存"命令保存Flash文档，并将文档命名为"动作设计.fla"。

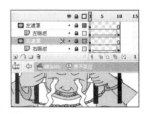

图10.72　时间轴效果

拓展提高

人物动作动画既可以采用补间动画来制作，也可以采用逐帧动画来制作，至于采用哪一种方法，要视具体的情况而定。

案例六　制作与合成

案例目标　　根据动画片《高空抛物》的脚本制作与合成场景动画，如图10.73所示。
实例效果：光盘\素材\单元十\案例六\制作与合成.swf。

图10.73　《高空抛物》脚本合成效果图

案例说明　　该案例的任务是将前面案例制作的动画《高空抛物》的素材制作合成为场景动画。

技术要点　　● 场景的编辑。
　　　　　　　　● 制作与合成动画片的方法与技巧。

实现步骤

1．新建文档

01 启动Flash CS3，打开"案例四"制作完成的文档"场景设

(a)　　　　　(b)　　　　　(c)

图10.74 "场景"面板

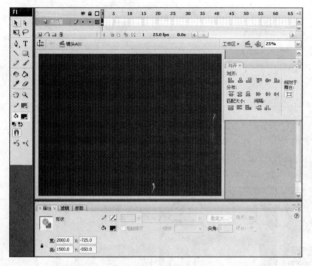

图10.75 编辑遮挡层

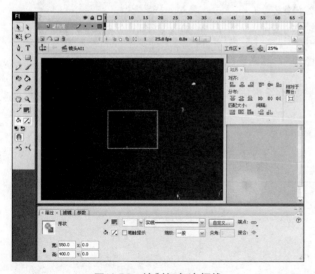

图10.76 绘制红色边框线

计.fla", 执行"文件"/"另存为"命令, 在弹出的对话框中将文档命名为"制作与合成.fla"并单击"保存"按钮。

02 打开"案例5"制作完成的文档"动作设计.fla", 按下Ctrl+L组合键打开"库"面板, 将"库"面板中的所有元件复制至文档"制作与合成.fla"中的"库"中, 然后关闭文档"动作设计.fla", 开始制作与合成场景动画。

2. 编辑场景

01 执行"窗口"/"其他面板"/"场景"命令, 打开"场景"编辑面板, 如图10.74(a)所示。

02 单击"添加场景"按钮, 分别添加"场景2"至"场景6", 如图10.74(b)所示。通过双击场景名称, 改变场景的名称为"镜头A01"至"镜头A06", 如图10.74(c)所示。

03 单击场景"镜头A01", 进入该场景的编辑窗口, 更改"图层1"为"遮挡层", 单击工具箱中的"矩形工具"按钮 □ , 在舞台上绘制一个宽为2000像素、高为1500像素的黑色矩形, 并让其相对于舞台"居中", 如图10.75所示。

04 绘制矩形框。单击"矩形工具" □ , 设置"笔触颜色"为红色, "填充颜色"为"无填充", 在舞台上绘制一个宽为550像素、高为400像素的矩形边框, 通过双击选择该矩形边框, 让其相对于舞台"居中", 如图10.76所示。

05 单击工具箱中的"选择工具"按钮 , 在舞台中的红色边框线内单击, 选中边框线内的黑色矩形后按下Delete键将其删除, 接着将红色边框线也删除, 形成一个中心镂空的矩形区域, 如图10.77所示。

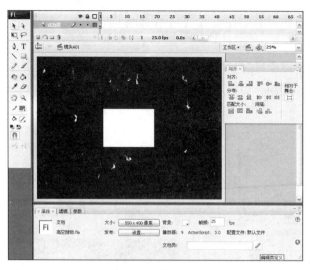

图10.77 镂空中心

小贴士

遮挡层实际上是一个中心镂空的矩形区域，该区域比舞台要大得多，而镂空的区域则与舞台大小、位置一致。遮挡层的作用是当播放器的窗口大小发生改变时，用来遮挡舞台以外的动画效果，而只显示舞台内的动画。

06 复制"遮挡层"第1帧，在其他所有场景的第1帧处粘贴帧，同时，将所有场景的"遮挡层"上锁。这样，所有的场景都有一个"遮挡层"。

3.编辑场景"镜头A01"

01 选择场景"镜头A01"，进入该场景的编辑窗口。

02 新建图层"背景"，并置于"遮挡层"下方，将图形元件"镜头A01背景"从元件库中拖入"背景"图层第1帧，适当调整位置，然后锁定该图层，如图10.78所示。

03 新建图层"小孩"，并置于"遮挡层"下方，将图形元件"小孩"从元件库中拖入"小孩"图层第1帧，适当调整位置，如图10.79所示。

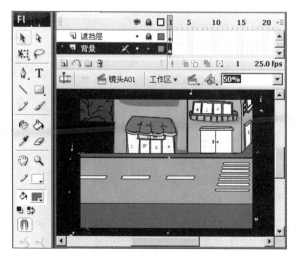

图10.78 "背景"图层

图10.79 "小孩"图层

04 新建图层"婆婆"，并置于"遮挡层"下方，将图形元件"婆婆"从元件库中拖入"婆婆"图层第1帧，适当调整位置，如图10.80所示。

05 新建图层"汽车"，并置于"遮挡层"下方，导入素材"汽车.swf"到"库"中，然后将图形元件"汽车"从元件库中拖入"汽车"图层第1帧，适当调整位置，如图10.81所示。

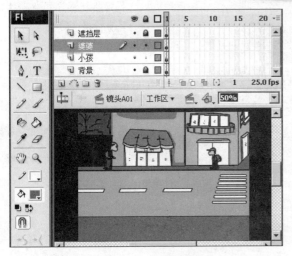

图10.80 "婆婆"图层

图10.81 "汽车"图层

06 新建图层"垃圾-苹果核"，并置于"遮挡层"下方，导入素材"苹果核.swf"到"库"中，然后将图形元件"苹果核.swf"从元件库中拖入"垃圾-苹果核"图层第1帧，适当调整位置。同理，制作图层"垃圾-雪梨核"，完成后如图10.82所示。

07 隐藏"遮挡层"，如图10.83所示。

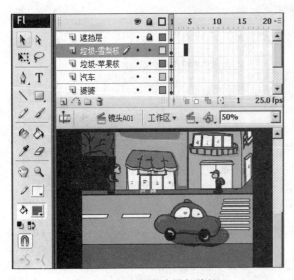

图10.82 在场景中添加垃圾

图10.83 隐藏"遮挡层"

08 新建图层"男子侧面",并置于"遮挡层"下方,从元件库中拖入元件"男子侧面",并置于该图层第1帧,适当调整位置,完成后如图10.84所示。

至此,该场景的所有元素添加完毕,下面开始制作该场景的动画。

09 制作"小孩"移动动画。单击"背景"图层,在第141帧处按下F6键插入关键帧;单击"小孩"图层,在第90帧处按下F6键插入关键帧,将"小孩"往左移动一定的距离,然后在第1帧处右击,选择"创建补间动画",完成后如图10.85所示。

10 制作"小孩"抬头动画。在第91帧处按下F6键插入关键帧,接着执行"修改"/"分离",单击工具箱中的"任意变形工具"按钮 ![] ,单击小孩的头部,将头部的中心位置移至脖子底端,然后分别在第127帧、第130帧处按下F6键插入关键帧,并分别将头部顺时针旋转30度和36度,如图10.86所示。

图10.84 插入图层"男子侧面"

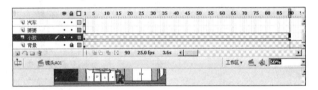

图10.85 "小孩"移动动画

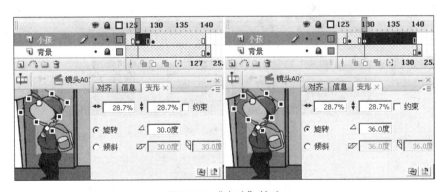

图10.86 "小孩"抬头

最后在第141帧处插入关键帧,然后执行"修改"/"转换为元件"命令,将抬头的"小孩"转化为图形元件,并命名为"抬头小孩"。至此,"小孩"抬头动画制作完成。

11 制作"婆婆"动画。单击"婆婆"图层,在第140帧处按下F6键插入关键帧,并将第1帧的"婆婆"元件往左移动一定距离,然后右击,选择"创建补间动画"命令,完成后如图10.87所示。

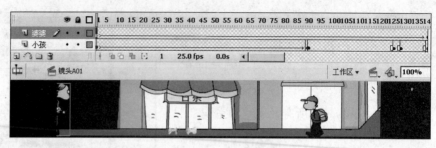

图10.87 "婆婆"移动动画

12 制作垃圾落地动画。单击"垃圾-苹果核"图层，在第1帧处右击，选择"剪切帧"命令，然后在第76帧、第90帧、第94帧、第96帧、第98帧、第99帧、第141帧处粘贴帧，并制作如图10.88所示的自由落体运动的动画效果。接着，再制作"垃圾-雪梨核"图层的动画，完成后的时间轴如图10.89所示。

图10.88 "苹果核"落地动画

图10.89 "加速运动"动画属性

图10.90 "减速运动"动画属性

13 制作"汽车"驶过动画。单击"汽车"图层，在第1帧处右击，选择"剪切帧"命令，然后在第88帧、第136帧处右击，选择"粘贴帧"命令，分别将这两帧处的汽车置于舞台左右两端，接着创建从第88帧到第136帧的补间动画，完成后的时间轴如图10.91所示。

图10.91 时间轴效果

14 制作镜头上移动画。单击"遮挡层"图层，在第191帧处按下F5键插入帧；单击"男子侧面"图层，在第141帧处按下F6键插入关键帧；分别在"男子侧面"、"垃圾-苹果核"、"垃圾-雪梨核"、"婆婆"、"小孩"和"背景"等图层的第151帧处按下F6键插入关键帧，同时选择这些关键帧，将该帧处的元件均往下移动到合适位置，如图10.92所示。

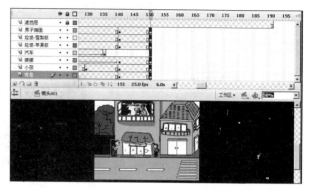

图10.92 下移各元件

接着，创建从第141帧到第151帧处的补间动画，完成后的时间轴和动画属性设置如图10.93所示。

最后，再次制作"婆婆"向前移动的动画，并将各图层的帧延续至第191帧。至此，场景"镜头A01"的制作完毕，时间轴的最终效果如图10.94所示。

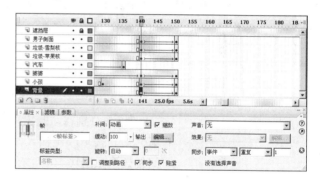

图10.93 创建补间动画

4．编辑场景"镜头A02"

01 选择场景"镜头A02"，进入该场景的编辑窗口。

02 新建图层"背景"，并置于"遮挡层"下方，将图形元件"镜头A02背景"从元件库中拖入"背景"图层第1帧，适当调整位置，然后锁定该图层，如图10.95所示。

03 新建图层"茶几"，置于"遮挡层"下方，导入香蕉、苹果、雪梨、啤酒等图形素材到"库"中，并拖入"茶几"图层第1帧，然后在这些物品的下方绘制一个茶几，完成后如图10.96所示。

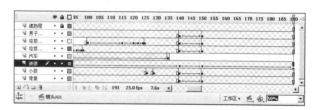

图10.94 时间轴最终效果

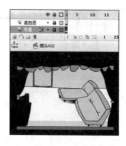 

图10.95 镜头A02"背景"图层　　图10.96 "茶几"图层

04 新建图层"男子侧面",置于"茶几"图层下方,将图形元件"男子侧面"从"库"中拖入该图层的第1帧,调整元件的大小并将其置于舞台的适当位置,如图10.97所示。

05 新建图层"提示符",绘制电视画面的提示符,并将其转换为图形元件"提示符",完成后如图10.98所示。

图10.97　图层"男子侧面"

图10.98　图层"提示符"

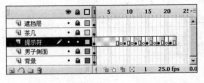
图10.99　图层"提示符"

06 制作电视画面的提示动画。在图层"提示符"的第1帧处右击,选择"复制帧"命令,接着分别在第9帧、第12帧、第15帧、第18帧、第21帧处粘贴帧,然后在该图层的第8帧、第11帧、第14帧、第17帧、第20帧处按下F7键插入空白关键帧,完成后的图层如图10.99所示。

07 分别在"遮罩层"、"茶几"、"男子侧面"和"背景"等图层的第60帧处按下F5键插入帧,至此,场景"镜头A02"的制作已完成,时间轴效果如图10.100所示。

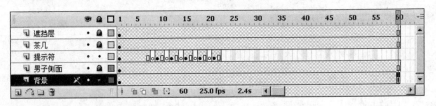
图10.100　场景"镜头A02"时间轴效果

5. 编辑场景"镜头A03"

01 选择场景"镜头A03",进入该场景的编辑窗口。

02 新建图层"背景",并置于"遮挡层"下方,将图形元件"镜头A03背景"从元件库中拖入"背景"图层第1帧,适当调整位置,然后锁定该图层,如图10.101所示。

03 新建图层"男子正面",置于"遮挡层"图层下方,将图形元件"男子正面"从"库"中拖入该图层的第1帧,调整元件的大小并将其置于舞台的适当位置,如图10.102所示。

04 新建图层"食物",置于"遮挡层"图层下方,将图形元件"苹果"、"雪梨"、"香蕉"和"啤酒瓶"等从"库"中拖入该图层的第1帧,调整元件的大小并将其置于舞台的适当位置,如图10.103所示。

图10.101 "背景"图层

图10.102 "男子正面"图层

图10.103 "食物"图层

05 单击"男子正面"图层,分别在第10帧、第31帧、第40帧、第61帧、第70帧、第80帧、第117帧、第210帧处按下F6键插入关键帧;然后分别在"遮挡层"、"食物"、"背景"等图层的第235帧处按下F5键插入帧,完成后的时间轴如图10.104所示。

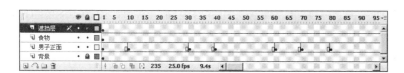

图10.104 时间轴效果

06 单击图层"男子正面"第1帧,执行"修改"/"分离"命令,如图10.105所示。将元件"雪梨"从"库"中拖入舞台并通过右击选择"排列"命令将"雪梨"置于人物的头与手中间,如图10.106所示。

图10.105 分离元件"男子正面"

图10.106 将"雪梨"拖入舞台并置于头与手中间

07 新建图层"垃圾",置于"食物"图层下方,在第10帧处按下F7键插入空白关键帧,将元件"雪梨核"从"库"中拖入舞台,在第19帧、第26帧处按下F6键插入关键帧,适当调整第10帧、第19帧、第26帧处的元件的位置,然后制作如图10.107所示的补间动画。

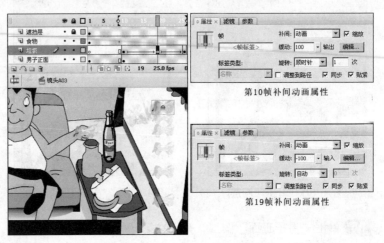

图10.107　抛"垃圾"动画

08 选择图层"食物",在第27帧、第31帧处按下F6键插入关键帧,在第27帧处恰当移动"香蕉"的位置,在第31帧处将"香蕉"移至"男子正面"图层并置于人物的头和手的中间,分别如图10.108和图10.109所示。

 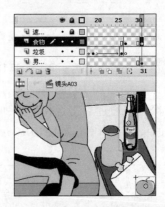

图10.108　移动"香蕉"的位置　　图10.109　将"香蕉"移至"男子正面"图层

09 利用步骤06至08的方法分别制作抛"香蕉皮"和"啤酒瓶"的动画,完成后的时间轴效果如图10.110所示。

图10.110　时间轴效果

10 添加遮罩层，制作垃圾飞出窗外的效果。在"垃圾"图层的上方插入新图层，并命名为"遮罩层"，在该图层上绘制如图10.111所示的形状，并设置该图层为"遮罩层"，如图10.111所示。完成后的效果如图10.112所示。

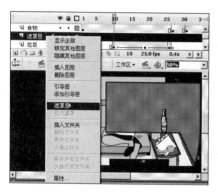

图10.111 遮罩层

图10.112 完成效果

11 制作"玻璃"打碎的声音提示动画。在图层"遮挡层"下方插入新图层，并命名为"窗外"，在该图层的第112帧到第143帧处制作Peng的震动的动画，如图10.113所示。

图10.113 Peng的大小震动的动画效果

12 制作"救护车"声音的提示动画。在图层"窗外"的第168帧处按下F7键插入空白关键帧，将"库"中的元件"提示符"拖入舞台并适当调整大小及旋转，接着在第171帧、第174帧、第177帧、第180帧、第183帧、第191帧、第194帧、第197帧、第200帧、第203帧、第206帧处按下F6键插入关键帧，然后在第170帧、第173帧、第176帧、第179帧、第182帧、第185帧、第193帧、第196帧、第199帧、第202帧、第205帧、第208帧处按下F7键插入空白关键帧，完成后的效果如图10.114所示。

图10.114 声音提示动画

13 制作人物眼珠转动动画。选择图层"男子正面"的第80帧和第117帧，分别执行"修改"/"分离"命令，将图形元件"男子正面"分离；接着在第119帧、第121帧处按下F6键插入关键帧，制作如图10.115所示的眼珠转动动画。

图10.115 眼珠转动动画

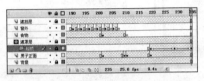

图10.116 吃苹果并扔垃圾动画

14 利用步骤06至08的方法制作人物吃苹果并扔垃圾的动画，完成后的时间轴效果如图10.116所示。

至此，场景"镜头A03"的编辑完成。

6. 编辑场景"镜头A04"

01 选择场景"镜头A04"，进入该场景的编辑窗口。

02 新建图层"背景"，并置于"遮挡层"下方，将图形元件"镜头A04背景"从元件库中拖入图层"背景"的第1帧，适当调整位置，然后锁定该图层，如图10.117所示。

图10.117 "背景"图层

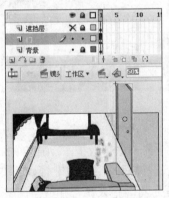

图10.118 "门"图层

03 新建图层"门"，并置于"遮挡层"下方，在第1帧绘制一个"门"，如图10.118所示，按下F8键转化为图形元件，并命名为"门震动"。

04 制作"门震动"动画。双击图形元件"门震动"，进入该元件的编辑窗口，在"图层1"的第14帧、第17帧、第20帧、第23帧、第26帧、第29帧、第32帧处按下F6键插入关键帧，接着使用工具箱中的"选择工具" 将第14帧、第20帧、第26帧、第32帧处的"门"的下框线往下拖弯，并将"门"的"抓手"往左移动一定的距离，如图10.119所示。

05 制作"门打开"的动画。结束图形元件"门震动"的编辑，回到主场景。在图层"门"的第117帧处按下F7键插入空白关键帧，并绘制一个打开的"门"，如图10.120所示。

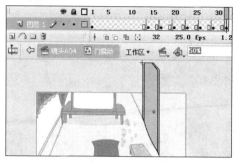

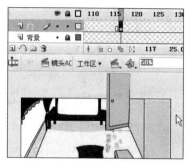

图10.119 "门震动"动画　　　　图10.120 "门打开"动画

06 在各图层的第155帧处按下F5键插入帧，然后新建图层"问号"，并置于"遮挡层"的下方，在该图层的第41帧处绘制两个"问号"，如图10.121所示，按下F8键转化为图形元件"问号"，在第95帧处按下F7键插入空白关键帧。

07 双击图形元件"问号"，进入该元件的编辑窗口，在"图层1"的第3帧、第5帧、第7帧处按下F6键插入关键帧，在第8帧处按下F5键插入帧，然后修改各关键帧处的"问号"的角度，制作"问号摇摆"的动画，如图10.122所示。

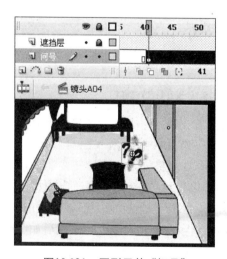

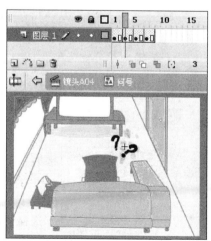

图10.121 图形元件"问号"　　　　图10.122 "问号摇摆"动画

08 制作"警察进门"动画。结束图形元件"问号"的编辑，回到主场景，新建图层"警察"，并置于"遮挡层"的下方。在"警察"图层的第118帧处按下F7键插入空白关键帧，将图形元件"警察侧面"拖入舞台，并置于"门"处，如图10.123所示。

09 在"警察"图层的第125帧、第129帧处按下F6键插入关键帧，分别将该两帧处的"警察"向左移动几个像素，在第125帧处右击，在弹出的快捷菜单中选择"创建补间动画"命令，然后在第130帧处按下F7键插入空白关键帧，将图形元件"警察正面"从"库"中拖入舞台适当的位置，如图10.124所示。

图10.123 "警察侧面"位置　　　　图10.124 "警察正面"位置

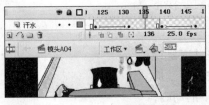

图10.125 滴汗动画

10 制作滴汗动画。新建图层"汗水"，置于"遮挡层"下方，在该图层的第124帧处按下F7键插入空白关键帧，绘制一滴汗水，按下F8键转化为图形元件，并命名为"汗水"。在第132帧、第140帧、第148帧处按下F6键插入关键帧，将第132帧和第148帧处的"汗水"下移至头部下方，然后在第124帧、第140帧处创建补间动画，完成后效果如图10.125所示。

至此，场景"镜头A04"的编辑完成。

7. 编辑场景"镜头A05"

01 选择场景"镜头A05"，进入该场景的编辑窗口。

02 新建图层"背景"，并置于"遮挡层"下方，将图形元件"镜头A05背景"从元件库中拖入图层"背景"的第1帧，适当调整位置。选择并复制图形元件中的"电视机"，新建图层"电视机"，置于"背景"图层的上方，在第1帧处右击，选择"粘贴到当前位置"命令，完成后如图10.126所示。

03 新建图层"主角"，置于"电视"图层的下方，将图形元件"男子惊恐"从"库"中拖入到舞台中适当的位置，如图10.127所示。

图10.126 "镜头A05"背景　　　图10.127 "主角"图层

04 选择图层"主角",在第41帧、第64帧、第100帧处按下F6键插入关键帧,选择第100帧,将主角缩小并移至屏幕的右上方;单击第41帧,执行"修改"/"分离"命令;在第64帧处右击,在弹出的快捷菜单中选择"创建补间动画"命令,设置补间动画属性,如图10.128所示。

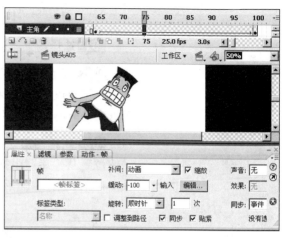

图10.128 "主角消失"动画

05 制作"闪烁"动画。分别在"背景"图层和"电视"图层的第41帧处按下F7键插入空白关键帧,接着在"背景"图层的第41帧处绘制一个与舞台大小一致的矩形框,并填充黑色,然后在该图层的第43帧、第44帧、第46帧、第47帧、第49帧、第50帧、第52帧、第53帧、第55帧、第56帧、第58帧、第59帧处按下F6键插入关键帧,最后修改第43帧、第46帧、第49帧、第52帧、第55帧、第58帧处的矩形框的填充色为白色,完成后的时间轴如图10.129所示。

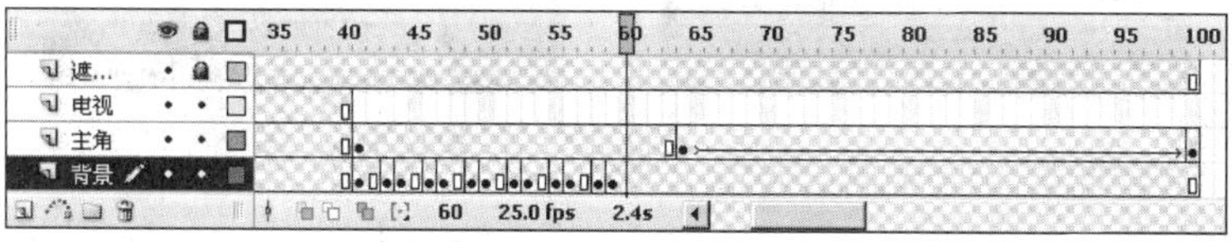

图10.129 时间轴效果

06 制作"闪电"动画。新建图层"闪电",置于"背景"图层上方。在该图层的第41帧处按下F7键插入空白关键帧,绘制"闪电"图形,接着在该图层的第47帧、第53帧、第59帧处按下F6键插入关键帧,在第64帧处按下F7键插入空白关键帧,最后将第47帧、第59帧处的"闪电"图形向下移动一定的距离,完成后的效果如图10.130所示。

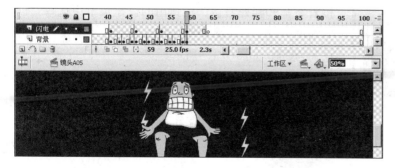

图10.130 "闪电"动画

至此,场景"镜头A05"的编辑完成。

8．编辑场景"镜头A06"

01 选择场景"镜头A06"，进入该场景的编辑窗口。

02 新建图层"背景"，并置于"遮挡层"下方，单击工具箱中的"矩形工具"按钮 ▢，在舞台上绘制一个与舞台相同大小的矩形，并填充灰色（#666666），如图10.131所示。

03 新建图层"主角"，并置于"遮挡层"下方，将图形元件"男子哭泣"从"库"中拖入到舞台中央，适当调整该元件的大小与位置，如图10.132所示，然后在各图层的第110帧处按下F5键插入帧。

图10.131 "背景"图层

图10.132 添加元件

图10.133 转换为元件

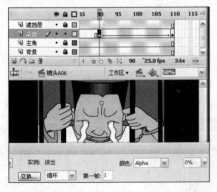

图10.134 添加"淡出"效果

04 新建图层"淡出"，并置于"遮挡层"下方，在该图层的第90帧处按下F7键插入空白关键帧，然后单击工具箱中的"矩形工具"按钮 ▢，在舞台上绘制一个与舞台相同大小的矩形，并填充黑色（#000000），选择该矩形框，执行"修改"/"转换为元件"命令，在弹出的对话框中选择"图形"类型并输入名称"淡出"，如图10.133所示。

05 在"淡出"图层的第110帧处按下F6键插入关键帧，接着在第90帧处右击，在弹出的快捷菜单中选择"创建补间动画"命令，将第90帧处的图形元件"淡出"的Alpha值设置为0%，如图10.134所示。

至此，动画片《高空抛物》的所有场景的动画已经制作完成，执行"文件"/"保存"命令保存Flash文档，并将文档命名为"制作与合成.fla"。

拓展提高

本案例中场景与场景的切换并没有添加任何的过渡效果，有兴趣的读者可以为场景之间的切换添加一些有趣的过渡效果，让动画片显得更充实、更有趣些。

单 元 小 结

本单元以动画片《高空抛物》的制作为线索，通过脚本编写、分镜头设计、角色设计、场景设计、动作设计、制作与合成等案例来展示了Flash动画片的制作流程、方法与技巧等。

单元实训

实训一　片头、片尾的制作

【实训要求】

根据动画片《高空抛物》的故事内容制作该动画片的片头与片尾，效果如图10.135所示。案例参考：光盘\素材\单元十\实训一\片头与片尾.swf。

图10.135　效果图

【技术要点】

可根据《高空抛物》的故事内容，制作一个高空抛垃圾的动画效果作为片头，片尾则可以展示该故事片的中心思想。

【实训评价】

表10.6　项目评价表

检查内容	评分标准	分值	学生自评	老师评估
片头	片头是否能表达故事的关键内容，是否引人入胜	25		
片尾	片尾是否已经清楚地表述了故事片的中心思想	25		
播放控制	是否添加了播放控制按钮来控制影片的播放	25		
总体效果	动画的效果是否流畅	25		

实训二　影片后期处理

【实训要求】

根据故事片《高空抛物》的动画内容，为该故事片添加音效。案例参考：光盘\素材\单元十\实训二\影片后期处理.swf。

【技术要点】

互联网上有很多网站专门提供音效素材的下载，根据故事的情节内容找到所需的音效，而音效的添加方法读者可参考第八单元所述的内容。

【实训评价】

表10.7　项目评价表

检查内容	评分标准	分值	学生自评	老师评估
音效	音效是否与动画相匹配，是否有助于影片剧情的发展	20		
总体效果	动画的情节是否与脚本相一致，场景之间的切换是否流畅	20		

实训三　制作动画片《沙井盖的故事》

【实训要求】

根据要求制作一个完整的动画片。

要求以"以遵纪守法为荣，以违法乱纪为耻"为主题，根据表10.8所示的故事脚本制作动画片《沙井盖的故事》。图10.136所示为效果图。

表10.8　《沙井盖的故事》脚本

片名	沙井盖的故事
故事情节	在一个夜黑风高的晚上，一个小偷偷偷摸摸地来到马路边上，把马路边上的沙井盖撬开偷走了。天亮后，小偷把偷来的沙井盖拿到废品回收处变卖。但是，机警的收购废品的大叔发现了沙井盖是偷来的。回想起由于沙井盖被盗后造成的一幕幕悲剧，收购废品的大叔决定不贪图小利而毅然报警，于是小偷被警察抓走了

图10.136　《沙井盖的故事》效果图

【技术要点】

根据故事的脚本，该故事片的制作可分为4个场景：第1个场景是小偷偷沙井盖，第2个场景是小偷来变卖沙井盖，第3个场景是大叔报警，第4个场景是小偷被捕。若考虑片头与片尾，本影片可由6个场景来组成，制作的方法与步骤可以参考本单元的案例。

【实训评价】

表10.9　项目评价表

检查内容	评分标准	分值	学生自评	老师评估
角色设计	角色的总体效果，角色的造型是否符合人物性格	20		
场景设计	场景的总体效果，场景的设计是否与影片的环境气氛相符合	20		
动作设计	动作是否流畅，是否符合规律	20		
音效	音效是否与动画相匹配，是否有助于影片剧情的发展	20		
总体效果	动画的情节是否与脚本相一致，场景之间的切换是否流畅	20		

读书笔记

11

单元十一　MTV制作

单元导读

　　用Flash制作MTV，是Flash技术在现今网络时代中的一个不可缺少的应用，特别是在网络歌曲走红的今天，一首好的Flash MTV，有时候甚至可以使一首名不见经传的网络歌曲在一夜之间暴红。

　　本单元通过一首MTV的制作，让学生在练习的过程中掌握制作Flash MTV歌曲的要领及制作流程。

技能目标

- 懂得制作MTV的流程。
- 综合应用Flash绘制各种场景及人物的能力。
- 掌握制作与合成MTV的方法与技巧。

案 例 青花瓷

案例目标　制作"青花瓷"MTV，实例效果如图11.1（光盘\素材\单元十一\案例一\青花瓷.swf）所示。

案例说明　《青花瓷》是首中国风的歌曲，所以可以采用最具中国特色、中国文化的东西，内容面广，大家在做的时候可以自己去设想。而在这个MTV的制作案例中，编者采用的是古典式的风格。其中也用到了许多水墨山水和比较具有代表性的场景，如江南小镇、小石拱桥、镂刻的窗等。

图11.1　效果图

技术要点
- MTV场景绘制。
- 人物角色的绘制。
- 制作与合成MTV的方法与技巧。

实现步骤

图11.2　开片场景

图11.3　绘制窗户

1．相关场景的绘制

01 打开Flash CS3，新建空白文档，执行"文件"/"保存"命令，在弹出的"另存为"对话框中选择动画保存的位置，输入文件名称"青花瓷"，然后单击"保存"按钮。

02 执行"文件"/"导入"/"导入到库"命令，将配套光盘中的"光盘\素材\单元十一\案例一\开片背景.gif"素材导入，进行简单修饰后如图11.2所示。

03 应用工具栏中"矩形工具"□和"刷子工具"绘制出如图11.3所示的窗户，矩形工具主要是将窗户的镂空画出，刷子工具是对墙的一个纹理的处理，让它看起来更加生动。

04 绘制青花瓷，主要用到的工具有"线条工具"、"矩形工具"□、"铅笔工具"、"刷子工具"、"颜料桶工具"等，至于这些工具的具体用法请参照前面单元的介绍。绘制完成的效果如图11.4所示。

05 将上面的单个物体组合成一个场景，如图11.5所示。

图11.4 青花瓷

图11.5 组合场景

06 绘制亭台柱场景，如图11.6所示，主要用到的工具有"线条工具" ╲、"矩形工具" ▭、"铅笔工具" ✏、"刷子工具" 🖌、"颜料桶工具" 🪣等。

07 绘制如图11.7所示的场景。在绘制的过程中要注意"香炉"是有投影效果的，而其他东西的绘制也是使用前面的那几种工具。特别是"线条工具" ╲的灵活应用能带来许多方便。

图11.6 亭台柱

08 绘制小桥楼阁场景，如图11.8所示。这是个相对比较复杂的场景，这里更多的是用到了"线条工具" ╲和"铅笔工具" ✏。上色时也要注意物体的投影。

09 绘制西湖桥，如图11.9所示。

图11.7 香炉

图11.8 小桥楼阁

图11.9 西湖桥

10 绘制荷塘，如图11.10所示。

11 绘制雨景，如图11.11所示。

图11.10　荷塘　　　　　　　　　　图11.11　雨打芭蕉

2．人物的确定和绘制

01 确定人物风格。因为前面已经确定了整部影片的风格，所以MTV中人物也不能脱离了这条主线，这里的人物也应该是复古的，即为古代人。

02 绘制女主角人物正面头像，如图11.12所示，主要用到的工具有"线条工具" ＼、"矩形工具" ▢、"铅笔工具" ✐、"刷子工具" ✒、"颜料桶工具" ⬙ 等。

03 绘制女主角人物侧面头像，如图11.13所示。

04 绘制男主角，如图11.14所示。

05 绘制男、女主角的全身像，如图11.15所示。

图11.12　女主角正面像

图11.13　女主角侧面

图11.14　男主角侧面　　　　　　图11.15　男、女主角全身像

3．制作MTV的主内容

01 执行"文件"/"导入"/"导入到库"命令，将配套光盘中的"光盘\素材\单元十\案例一\青花瓷.mp3"导入到"库"。

图11.16 开片文字遮罩动画

02 制作MTV片头。在MTV的开头一般都会先出现歌曲的歌曲名、曲、词、演唱者等信息。这个MTV中，用了一个淡入淡出和一个毛笔字的动画效果，主要涉及的知识点是遮罩动画，效果如图11.16所示。

03 淡入淡出效果的制作，如图11.17所示。

04 用一个推镜头特写青花瓷，点明主题，如图11.18所示。

图11.17 文字的淡入淡出

05 两句间的切换可以适当地加一些过渡的效果，如图11.19和图11.20所示，这样做的目的是让画面看起来不会那么生硬和有过大的冲突。

图11.18 青花瓷特写

图11.19 女主角望月

06 制作一壶清茶的动画效果，衬托中国古典风情，如图11.21所示。

图11.20 场景切换

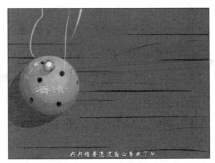

图11.21 一壶清茶

小贴士

如图11.20所示，可以适当地为图片加上旁白。但是要注意把握分寸，如果加得太多了效果反而不好，如果太少了别人却不知道你所要表达的意境。

07 制作宣纸写字的动画效果，目的是配合歌词的意境。同时这里还用到了一个效果的叠加和一个镜头的移动，如图11.22所示。

08 制作一个水墨滴的转场效果，如图11.23和图11.24所示。整个过程主要用到了变形动画及遮罩动画。

图11.22 宣纸写字

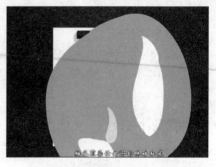

图11.23 水墨滴的转场效果(上)

09 场景中还可以应用到模糊的滤镜效果，如图11.25和图11.26所示。

图11.24 水墨滴的转场效果(下)

图11.25 小桥楼阁

10 制作水中月亮倒影随波飘荡的动画，衬托意境，如图11.27所示，主要用到了形状补间动画。

图11.26 模糊后图片

图11.27 月亮倒影

11 用逐帧的方法制作完成炊烟袅袅动画，如图11.28所示。

12 制作船在江上行驶的动画，如图11.29所示，这里要特别注意船行驶时水的变化。

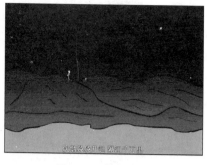

图11.28　炊烟袅袅

图11.29　江上小船

13　制作男主人公遥望远方思念女主人公的情景，这里用了特写，主要是为了强调主题，如图11.30所示。

14　制作抚摸青花瓷的动作，这里需要绘制一个"手"并制作补间动画，如图11.31所示。

图11.30　遥望相思

图11.31　抚摸青花瓷

15　制作眼睛流泪的动画，如图11.32和图11.33所示，主要用逐帧动画来实现。

图11.32　眼睛

图11.33　泪眼

16　制作下雨场景后，再制作女主角走过来的动画，如图11.34和图11.35所示。

小贴士

在动画中表现人走路动作时，切记不要用平移的方式"走过去"，那样看起来会很怪异，影响整体效果。

图11.34　雨中荷塘1

图11.35　雨中荷塘2

17　制作如图11.36所示的动画，这里也用了一个推镜头，起突出和强调的作用。

18　配合歌词制作窗外芭蕉被雨打的场景，如图11.37所示。

图11.36　窗户内景

图11.37　雨打芭蕉

19　用渐隐动画表现两人初次相遇时的情景，如图11.38所示。

20　制作女主角在水墨画中的情景，主要用到了透明叠加效果，如图11.39所示。

图11.38　西湖桥上

图11.39　画面叠加

21　用渐隐动画制作几个过渡场景，如图11.40和图11.41所示。

图11.40 过渡场景1　　　　　　图11.41 过渡场景2

22 下雪场景的制作，用到了引导线来制作动画，如图11.42所示。

23 制作女主角抬头望月的场景，如图11.43所示，这个场景中可以看到它屏幕的周围加了一个羽化的白色，突出主人公是在想象或是回忆。

图11.42 雪景　　　　　　　　图11.43 忆往昔

24 制作片尾，这里用了几个在本MTV中出现的具有代表性的场景来呼应片头，进一步深化意境突出主题，如图11.44和图11.45所示。

图11.44 遥望寄相思　　　　　　图11.45 西湖桥上

25 至此，整个MTV就制作好了。按下Ctrl+Enter组合键测试影片。

26 执行"文件"/"发布"命令，将做好的MTV发布成影片。

▌单元小结

本单元主要通过讲解MTV《青花瓷》的制作过程，让学生掌据综合运用Flash的能力，这个单元中主要涉及了运用Flash进行绘画和制作各种动画的能力等。

其实一个MTV的制作，在编者看来离不开以下几点。

（1）导入音乐，确定其风格类型。

（2）找素材：可以通过网络来搜索，然后进行处理，也可以直接绘制。

（3）制作动画，将准备好的素材通过Flash制作成能够表达音乐意境的动画作品。

单元实训

实训 少年壮志不言愁

【实训要求】

利用本单元所学知识，制作MTV《少年壮志不言愁》，如图11.46所示。

参考范例：光盘\素材\单元十一\实训\少年壮志不言愁.swf。

图11.46 效果图

【技术要点】

在制作本项目时，建议同学们一定要先认真反复地多听几次《少年壮志不言愁》这首歌，理解这首歌所表达的思想和意境，然后收集相关素材，最后完成动画制作。

【实训评价】

表11.1 项目评价表

检查内容	评分标准	分值	学生自评	老师评估
主题	所选素材要能符合主题	20		
动画效果	动画是否流畅、技术运用是否合理、转场过渡是否自然	50		
创意	创意新颖、符合音乐意境	30		